地质工作掌中宝

沉积岩野外工作手册

（第四版）

［英］Maurice E. Tucker 著

周进高 李文正 张建勇 倪 超 郝 毅 等译

石油工业出版社

内 容 提 要

本书介绍了沉积岩的野外描述方法,对各种沉积岩类型、结构和构造以及化石进行了讨论,最后综合利用野外信息进行相的鉴别和层序分析。

本书可供地矿、石油、煤炭、冶金、核工业等行业地质人员及相关院校师生参考阅读。

图书在版编目(CIP)数据

沉积岩野外工作手册:第四版 /(英)M.E.塔克(M.E.Tucker)著;周进高等译.—北京:石油工业出版社,2017.7

书名原文:Sedimentary Rocks in the Field: A Practical Guide

ISBN 978-7-5183-1844-5

Ⅰ.①沉… Ⅱ.①M…②周… Ⅲ.①沉积岩-手册 Ⅳ.①P588.2-62

中国版本图书馆 CIP 数据核字(2017)第 061549 号

Sedimentary Rocks in the Field: A Practical Guide, Fourth Edition by Maurice E. Tucker
ISBN 978-0-470-68916-5
Copyright © 2011 by John Wiley & Sons, Ltd.
All Rights Reserved. Authorised translation from the English language edition published by John Wiley & Sons Limited. Responsibility for the accuracy of the translation rests solely with Petroleum Industry Press and is not the responsibility of John Wiley & Sons Limited. No part of this book may be reproduced in any form without the written permission of John Wiley & Sons Limited.
本书经 John Wiley & Sons Limited 授权翻译出版,简体中文版权归石油工业出版社有限公司所有,侵权必究。
北京市版权局著作权合同登记号:01-2014-3866
Copies of this book sold without a Wiley sticker on the cover are unauthorized and illegal.

出版发行:石油工业出版社有限公司
　　　　　(北京安定门外安华里 2 区 1 号 100011)
网　　址:www.petropub.com
编 辑 部:(010)64523544
图书营销中心:(010)64523633
印　　刷:北京中石油彩色印刷有限责任公司

2017 年 7 月第 1 版　2017 年 7 月第 1 次印刷
787 毫米 ×1092 毫米　开本:1/32　印张:8
字数:200 千字

定价:65.00 元
(如出现印装质量问题,我社图书营销中心负责调换)
版权所有,翻印必究

《沉积岩野外工作手册》

译校人员

周进高　李文正　张建勇　倪　超　郝　毅
王小芳　辛勇光　谷明峰　姚倩颖　王茂林
房　超　李　煜　曹卜丹　汪　超　张禄权
杜贻清　蒋玉婷

前　言

对沉积岩的研究是一项能让人兴奋、具有挑战性且让人自豪和快乐的工作。当然，要想认识这些岩石，就需要经常进行精准的野外考察。野外考察成功的秘诀是有一双不放过任何细节的敏锐的眼睛，对所见所闻时刻保持一颗好奇心，且要清楚自己的目标并明白如何达成目标。要想做到这些，首先需要保持开放的思想。对观察到的露头现象时刻保持敏感性，思考其构造特征并能够不厌其烦地反复观察。本书主要针对那些有一定地质背景的学生或更高水平的读者，告诉他们如何在野外研究沉积岩。

本书一开始就介绍了如何在野外描述沉积岩特征，尤其是如何使用地层柱状图描述。接下来介绍的技术被广泛使用，因为这些技术展示了一个以便利的形式记录所有细节的方法；通过这些资料，地层之间的连续性和差异就会变得很明显。接下来的几章，对各种沉积岩类型、结构和构造进行了讨论，这些在野外都能被描述和测量。后面用一个简短的章节介绍了化石。化石是沉积岩的重要组成部分，含有对古环境分析非常有用的信息，而且对地层对比和古生物研究也很重要。

采集了野外信息后，还要知道怎么利用这些信息。最后章节简要介绍岩相识别与岩相解释的方法以及层序和旋回的识别。

目 录

第 1 章　绪论 // 1

1.1 野外工具 // 2

1.2 其他野外工具 // 4

1.3 GPS 的使用 // 4

1.4 野外安全和通用手册 // 5

第 2 章　野外技术 // 11

2.1 观测内容 // 12

2.2 方法 // 13

2.3 野外记录 // 14

2.4 柱状剖面图 // 15

2.5 岩心柱状图 // 21

2.6 岩相代码 // 22

2.7 标本采集 // 25

2.8 结果描述 // 25

2.9 岩层示顶底标识 // 27

2.10 地层实践 // 28

第 3 章　沉积岩类型 // 37

3.1 主要岩石类型 // 38

3.2 砂岩 // 41

3.3 砾岩和角砾岩 // 46

3.4 泥质岩 // 48

3.5 石灰岩 // 49

3.6 蒸发岩 // 60

3.7 铁质岩 // 64

3.8 燧石 // 66

3.9 磷酸盐沉积物 // 67

3.10 富有机质沉积物 // 68

3.11 火山岩 // 69

第 4 章　沉积岩结构 // 83

4.1 引言 // 84

4.2 沉积物粒度和分选性 // 87

4.3 颗粒形态 // 89

4.4 沉积物组构 // 90

4.5 结构成熟度 // 91

4.6 砾岩和角砾岩结构 // 92

第 1 章

绪论

本书旨在提供沉积岩的野外工作指南，叙述怎样识别野外常见的岩性、纹理、沉积构造及如何记录和测量这些特征。由于化石常见于诸多沉积岩中，对古环境分析非常有用，本书有一章就野外该怎样对化石进行研究作了阐述。本书最后还简介了沉积岩相序列的解释：相、相组合、沉积旋回和层序（图1.1）。

1.1 野外工具

除了一个笔记本（尺寸最好是20cm×10cm）、钢笔、铅笔、合适的衣服、鞋和一个帆布背包，野外地质学家最基本的装备还包括一个地质锤、凿子、放大镜、罗盘测斜仪、卷尺、瓶酸、取样袋和记号笔。在野外工作时，一个全球定位系统（GPS）接收器是最实用的，而且不仅在偏远的地区。当在峭壁下或采石场工作时，必须要有一顶保护自己的安全帽；当使用锤子时，要戴护目镜，更详细的安全注意事项见1.4节。要带着地质照相机、地形图、地质图以及相关文献。在野外，如果预计需要记录大量图表日志，则需带着纸张。其他用得着的非专业器物，如口哨、急救装备、火柴、应急口粮、小刀、防水服及太空毯等也要带在帆布包中。

对于多数沉积岩来说，一个大概重0.5～1kg（1～2lb）的地质锤就足够了。然而，在记录和测量露头时，一定要注意保护，不要破坏露头，使后来的地质学家将来也能进行考察。在许多情况下，可以从地面收集松散的新鲜的岩石块，所以没必要锤击。如果希望收集大量岩样，系列凿子是很有用的。

放大镜是必要的装备。在野外，建议放大倍数是10倍，那样可以观察到小至100μm的粒径和特征。野外观察时，当放大镜靠近眼睛时，10倍的放大镜视域直径大约是10mm。当用放大镜观察颗粒时，为了了解其粒径，用一个以毫米为刻度的尺子来测量颗粒。对于石灰岩，可很容易地观察到新鲜破裂面上的颗粒。

　　罗盘测斜仪也是重要工具，用于倾角、走向和其他构造测量之用，也用于测量古水流方向，这时要校正罗盘磁北对真北的偏角。该偏角通常会在地区地形图标出。须知，高压电线、铁塔、金属器物（如地质锤）和一些岩石（通常是镁铁质—超镁铁质火成岩体）可以影响罗盘读数，产生虚假的结果。测量岩层厚度和沉积构造的尺寸要用皮尺或钢尺（尺长数米为好）。绘制图表日志时需要用到1m长的带刻度的棒状比例尺。在测量小物体例如鹅卵石和化石的尺寸时，要用到带毫米—厘米标尺的罗盘。

　　在野外，需要用盐酸（约10%的浓度）来对钙质沉积物进行鉴定，如果加进一些茜素红，可把白云岩与石灰岩区分出来（石灰岩被染色为粉红色，白云岩没有染色）。对于样品，需要用塑料袋或布袋子装样，并用记号笔（防水、速干墨水的更好）记录样品号。易碎的样品和化石应当仔细包装以防破碎。

　　研究现代沉积物和未固结岩石时，需备有小铲/铁锹，以及一个长度0.5～1.5m、直径5～10cm的干净塑料管子，其对于插入现代沉积物获取天然岩心非常实用。对于松软沉积物的垂直剖面，可在野外制备环氧树脂布膜，制作这种布膜的技术是Bouma（1969）提出的。本质上是在沉积物上切割、修剪一个平整的垂直面，把环氧树脂喷上去。在沉积物上放一张薄棉布，然后将布喷湿。让树脂静置10min后小心移动棉布。布上会粘有薄层的沉积物，有着不同的构造。轻轻刷掉或抖落多余的和脱粘的沉积物。现代海滩、沙丘、河流、潮滩和沙漠沉积物用这种方法处理比较有效。玻璃纤维泡沫（一种有害物质）也可以喷在未成岩的沉积物上来获取一个样本。

1.2 其他野外工具

现场有时需要携带更精细的仪器,以防测量沉积岩的某些特殊属性。这些仪器通常用于更详尽的重点研究中,而不是常规的沉积学研究。这样的仪器包括迷你磁导仪、磁化率记录仪(磁化率测定仪)、伽马射线能谱测量仪、探地雷达测量仪和激光扫描仪(激光雷达)。

在野外,岩石渗透率可用便携式迷你磁导仪来估算。

在野外,沉积岩的磁化率即使很微弱,也可相对容易地测出。泥岩和其他有机物含量高的岩石及铁矿物具较高的磁化率。测量时每隔几厘米测量一次,可得到一个磁化地层,这样便可辨认出旋回和韵律,这种现象在盆地相尤其明显。

伽马射线能谱测量仪用于测量岩石的自然伽马辐射,它可确定层序的黏土含量,因此有助于区分不同类型的泥岩或不同黏土含量的泥砂岩和石灰岩。便携式野外伽马射线能谱测量已被用于关联各种地表露头及地下。

探地雷达是一种可用来观察浅层沉积物的结构和变化的实用技术,如现代泛滥平原和滨海平原。利用这项技术,可以识别沉积单元,如点沙坝和牛轭湖充填。

另外,对露头进行激光扫描可以产生用于三维成像的高度精确的数字图像。通过对数据精确地测定,可对裂缝方向和地层厚度等特征作详细研究。但这些仪器异常昂贵。我们可从多光谱遥感和数字高程模型(DEM,也叫数字地形模型,DTM)获取更多的区域信息,并详细地揭示其地貌特征。使用这些技术,便可获得地质信息的三维数字图像。

1.3 GPS的使用

GPS作为一种野外定位的标准配置,也可用于沉积剖面的测量。

全球定位系统能精确定位出你所在的位置，这样，就能把经纬度坐标参数记在野外记录本上。接收器能指引野外工作者到不同的地方，或者到特定的位置。接收器读数的准确性取决于几个因素（品牌、型号、时间地点、设计、校正等）和定位的方法。自主式GPS的精度是5~30m；当利用差分全球定位系统（DGPS）并进行校正后，其精度可以达到3m以内，但是，参考站必须设置为DGPS。

现在GPS接收器具有良好储存功能，可满足一天乃至一周的数据存储要求，所以野外工作者可往返折回观察而无须担心。这对于无鲜明特征的地方是非常有用的。接收器的数据能直接下载到电脑，永久存储记录。

GPS除了能精确定位外，还能够测量大—中型构造，这比仅用一张地图和卷尺测量精度要高得多。对于河道充填物、礁体、砾岩透镜体，其宽度为几百米或更大时，用几种GPS测量方法测量可获得较好的三维评价。激光测距仪可用于对远处物体的精确测距，如悬崖表面的特征，能更精确测出距离某个地方有多远。

1.4 野外安全和通用手册

只要采取几种基本和明智的预防措施，在野外工作将是一个安全、愉快、富有成果的过程。野外地质工作是一个涉及风险和危害的活动，例如在沿海、采石场、矿山、河流和山脉。任何季节都可能遇到恶劣的天气条件，尤其是在沿海或山区。自立、独立能力以及团队协作能力是野外工作的要素。注意自身安全，对自己负责；另外，一些简单的预防措施可以减少风险或者避免问题的出现。

（1）穿戴的衣服和鞋子应足够应付各种类型的天气和地形。提前了解目的区域的天气情况，时刻注意各种变化，一旦天气恶化果断离开。

（2）具有良好鞋底的步行靴是必不可少的。运动鞋不适合山区、采石场和崎岖的山路。

（3）仔细地计划工作，牢记你的经验和培训、地形的特征和天气情况。不要高估自己所能达到的程度。

（4）学习山区安全注意事项和塌方守则，特别要了解暴露于野外的影响。所有的地质学家需参加急救方面的课程。

（5）在去野外之前，好的实践方法是留下一张便条，以及一张研究地图，最好是标记出路线、目的位置、返回时间、和谁一起住/生活。

（6）知道该怎样处理紧急事件（如事故、疾病、恶劣天气、黑暗）。掌握国际遇险信号：重复6声哨音，不停地使手电筒闪烁或用浅色衣物来回摆动。

（7）随身携带一个小的急救箱、一些应急食品（巧克力、饼干、薄荷蛋糕、葡萄糖片）、生存袋（或大塑料袋）、口哨、手电筒、地图、指南针、手表。

（8）当出入旧采石场、悬崖、小石子山坡、洞穴等，或者任何有落物的危险地方，戴上安全帽（最好带一个下巴托），穿上高弹性夹克，以及一双结实的靴子。同样地，这也是出入正在工作的采石场、矿山和建筑工地必需的装备。

（9）尽量避免敲击，做一个环保人士。

（10）戴防护眼镜（或塑料镜片的安全眼镜），以防敲打或凿击岩石时碎片飞溅。

（11）地质锤不要作为凿子使用，要使用软钢凿。

（12）在敲击时，避免附近有人。不要在铁路上及其边缘遗留岩屑。

（13）要节约，有环保意识。爱护乡间和大自然以及当地的动植物。

（14）当收集标本时，不要全部采集或损坏含有特殊化石和稀有矿物的岩层，只需取走你所需要的。

（15）在峭壁边缘附近和采石场或任何其他陡峭的地方要特别小心，尤其是在狂风天气。

（16）在靠近岩壁之前要确保上覆岩层的安全。尤其是由爆破导致岩壁疏松的采石场相当危险。

（17）避免在一个不稳定的地方工作。

（18）避免接近岩石松动陡峭的斜坡。

（19）不要直接在另一个人上面或下面工作。

（20）不要把岩石扔下斜坡或悬崖作为娱乐。

（21）不要从陡坡上向下跑。

（22）提防山崩和泥石流，以及落石。

（23）不要触碰矿场、建筑工地内的任何机械设备。遵守安全规则和官方给出的爆炸警示，密切注意来往车辆等。另外，要谨防污泥沼。

（24）除非具备相关的登山经验，且有人陪伴，否则禁止攀爬悬崖、岩壁或峭壁。

（25）在岩石海岸高水位线之下的湿滑岩石上行走或攀爬时，要格外小心。因为，对于地质学家来说，更多的事故，甚至致死，多发生在岩石海岸线，另外要留意巨浪。

（26）观察路边剖面时当心交通情况。

（27）除非经过主管当局的特别许可，观测铁路及高速公路附近剖面是禁止的。

（28）除非具备丰富的经验以及相关所需装备，否则禁止进入旧矿场或洞穴系统。

（29）掌握当地关于潮汐和洋流的信息，要特别注意潮差，避免被困在潮间浅滩或海崖下。

（30）建议：进入别人私产时，要获得许可。在一些地方，比如国家公园和自然保护区，以及具有特别科学价值（SSSI）的网点或受保护的站点，需要获得官方的许可才可采集样品。有时要进行野外观察和科学研究。

（31）风险评估：现今，很多情况下开始野外考察之前有必要进行一次风险评估。这可能是为了自身安全或者是研究项目本身的需求，也许看似这是不必要的官场形式，但这样做，会促使你思考可能会遇到的问题，从而使你准备得更充分。

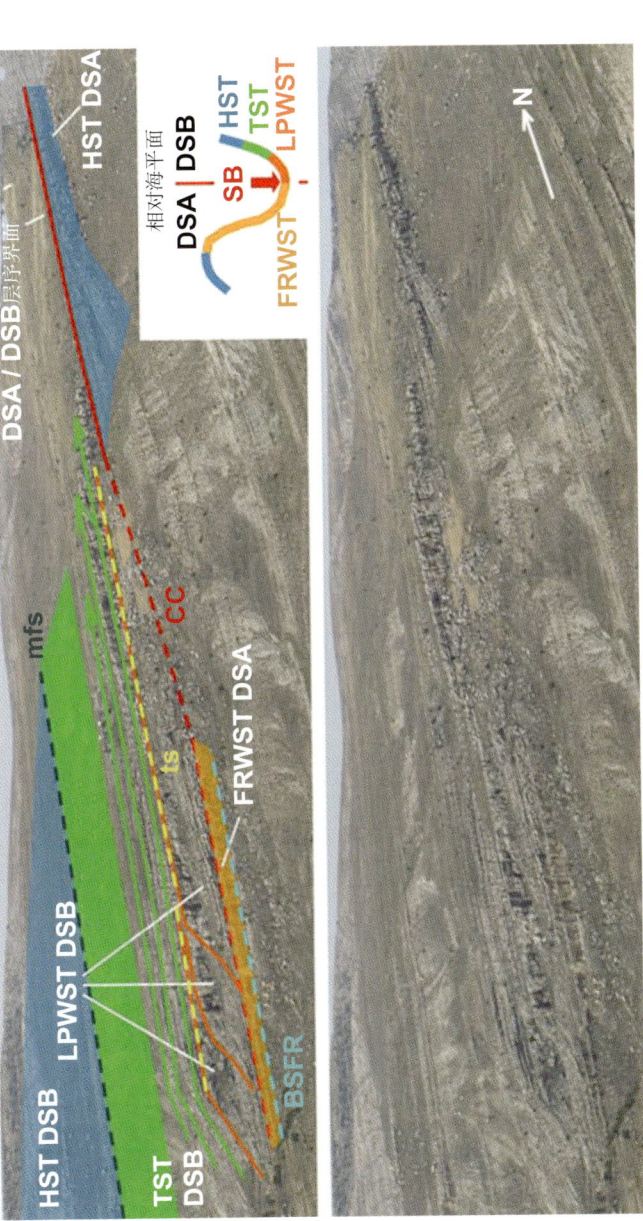

图 1.1 西班牙东部 Maestrat 盆地内两个中白垩统层序（DSA 和 DSB）的层序地层学解释

LPWST—低位前积楔状体；TST—海侵体系域；HST—高位体系域；FRWST—强制海退楔状体；BSFR—强制海退基底面；CC—与之相对应的整合；ts—海侵面；mfs—最大海泛面；SB—层序界面；详细解释参考 Bover-Arnal 等 (2009)

第 2 章

野外技术

2.1 观测内容

在野外,对于沉积岩,有六个方面需要观察并尽可能详细地记录,它们分别是:

(1)岩性,即沉积物的组成和/或矿物特征;

(2)结构,即沉积物中颗粒的特征和排列,野外观察最重要的是粒度大小及其变化;

(3)沉积构造,指的是出现在层面上下及层内的特征,有些记录了岩石形成时古水流的特征;

(4)沉积物的颜色;

(5)岩层或岩石单元之间的几何形态和关系,及其纵向和横向上厚度和组成的变化;

(6)沉积岩中所包含化石的性质、分布和保存特征。

沉积岩野外主要研究内容,一般从宏观到微观特征进行描述。包括以下内容。

(1)远观岩层位置,并了解岩石类型及岩石单元的大致排列。在靠近露头仔细观察之前,快速判定每一构造特征、断层和褶皱,以及任何明显的沉积构造,如水道、礁灰岩、斜坡沉积、同沉积期褶皱。

(2)在野外记录本上,用野外笔记、素描图和照片详细地记录位置和序列的细节。如果合适,绘制一个柱状剖面图;如地层发生褶皱变形,要注意鉴别地层的新老关系。

(3)根据岩石的矿物学特征/岩石组成来识别岩性。

(4)观察结构:颗粒大小形状、磨圆度、分选程度、组构及颜色。

(5)在层面上下和层内观察沉积构造。

(6)观察记录沉积层和岩石单元的几何形状,确定它们之间的关系、层组形式或垂向上主要的粒度/岩性/地层厚度的变化，以及确定是否为连续沉积旋回。

（7）观察化石，注意化石种类、产出方式和保存状况。

（8）测量能指示古水流方向的所有构造。

（9）琢磨（或许晚些时候）存在的岩相、旋回、序列、沉积过程、环境解释以及古地理情况。

（10）用实验室进一步的研究来证实和补充扩展岩石组成/矿物特征、结构、构造、化石等的野外观察；进而探讨其他方面的研究，如生物地层学、成岩作用和地球化学，并且阅读相关文献，如沉积学/沉积岩石学教科书及合适的学术期刊，或使用互联网。

相是根据沉积岩的各种标志综合确定的，它是特定沉积环境或特定环境中沉积作用的产物。野外资料收集之后，接下来就是相识别和鉴定。

关于相以及相模式的书籍有很多。如今，研究热点主要集中在沉积层序：岩石单元的几何排列；岩性、粒度等特征在横向和垂向上的变化；岩石单元的组合及叠置模式；连续沉积旋回的出现。这些特性反映了长期、大规模的沉积控制，主要是相对海平面的变化、可容空间、构造、沉积物供给/沉积作用和气候。

2.2 方法

每平方千米需要观察研究露头点的多少取决于研究的目的、可用的时间、横向和纵向上的相变化以及工作区的构造复杂程度。对特定的群或组的勘测需间隔适宜的剖面。研究具体层位时，一切可利用的露头都要进行观察，个别岩层应作侧向追踪。

观察露头最好的方法是先远观岩石，注意其大致关系及一切出现的褶皱、断层。有些大型构造，须近距离观察，如河道和侵蚀面、沉积岩石的几何形态、岩层厚度变化及旋回。注意观察岩石的风化出露和植被覆盖情况。这些现象均能反映出岩石岩性（如泥岩很少暴露或被植被覆盖）及旋回。然后，仔细观察出露岩石的岩性和岩相。利用沉积构造，如交错层理、递变层理、冲刷面、底面构造、石灰岩示顶底构造或劈理构造关系来确定地层上下关系。

在了解露头所显示的基本信息之后，可决定该剖面是否值得详细描述。如果值得，最好用柱状剖面图的形式来记录。如果露头条件不够好，则须在野外记录本上有足够的笔记和素描记。总之，并非所有野外资料都能用柱状剖面图表示。

2.3 野外记录

野外记录本应尽可能保持整洁、有条理。所测剖面位置应以网格坐标和草图准确标出，以便以后能再次找到它。如果配有GPS，则可读出更精确的位置。按顺序在地形图上标记所处的位置，或者可以用扎针孔的方法来记录（并不是每个人都喜欢用这种方式），用针在地图上扎一小孔，然后在背面标上位置数字。相关地层资料也应记录下来：名字、年代等。随着时间的流逝，上述事情容易被忘记。随手简单记下偶然事件，如天气或看见的一只鸟，以便将来翻阅记录本时勾起工作现场的回忆。

野外记录本上的记录应当真实，准确描述所见事实。就如本书后面章节讨论和解释的一样，尽可能描述观察对象的大小、形状和方位特征。在岩石存在浸渍或褶皱和劈理时，也应记录构造数据。注意记录岩石的主节理、裂缝及其方位，以及矿化作用。要整洁而准确地绘制素描图，并附比例尺及方位。

在记录本上记录相应照片的位置。当照相时不要忘记放入比例尺。对于广泛出露的露头，峭壁和采石场的镶嵌图是很有用的，它们能直接用来注释或在其上进行注释。

不能恰当地记录在柱状剖面图上的一个沉积属性是沉积岩层或作为一个整体的岩石单元的几何形态。要对在采石场或岩壁上所见岩层的几何形态及侧向厚度变化进行素描、照相和描述。双筒望远镜对于观察难以接近的断崖作初步的观察是非常实用的。在露头不好的地区,为了推断侧向相变,需要局部详细填图以及绘制小剖面柱状图。GPS可以精确定位露头位置,甚至是维度特性。当有很好的露头以及一个重点研究计划时,需要用激光扫描断崖或矿场采掘面。

下文列出了在野外记录本上需要描述的地质要点。

(1)位置细节:位置、位置数据、网格/ GPS参考值;日期和时间;天气。

(2)地层层位和年代,构造观察(倾角、走向、节理等)。

(3)大型露头特征,如断层、褶皱、水道、强侵蚀面、岩层单元几何排列、尖灭、上超。

(4)岩性/矿物学和结构:识别和描述/测量。

(5)沉积结构:描述/测量,绘制素描图/拍照片。

(6)古水流方向测量:收集读数、绘制玫瑰花图。

(7)化石:识别、观察岩石组合、方位、保存情况等。

(8)如果合适,绘制柱状剖面图以及横向关系图。

(9)记录样品位置和化石产处。

(10)确定相类型,注意相组合和旋回。

(11)确定/测量岩石单元和周期性旋回。

(12)为之后的工作作适当的解释和记录(例如在实验室里)。

2.4 柱状剖面图

收集沉积岩野外数据的标准方法就是构建层序的柱状剖面图

(图2.1)。它给人以剖面的直观印象，便于对比和比较不同地区的相应剖面，有助于看出相的重复、沉积旋回及总的变化趋势，例如岩层系统向上的变化、旋回厚度变化或粒度变化，以及向上的增厚或减薄。此外，直观的柱状剖面图有助于层序的解释。然而，柱状剖面图仅突出强调了层序垂向上的变化，却忽略了其横向变化情况。

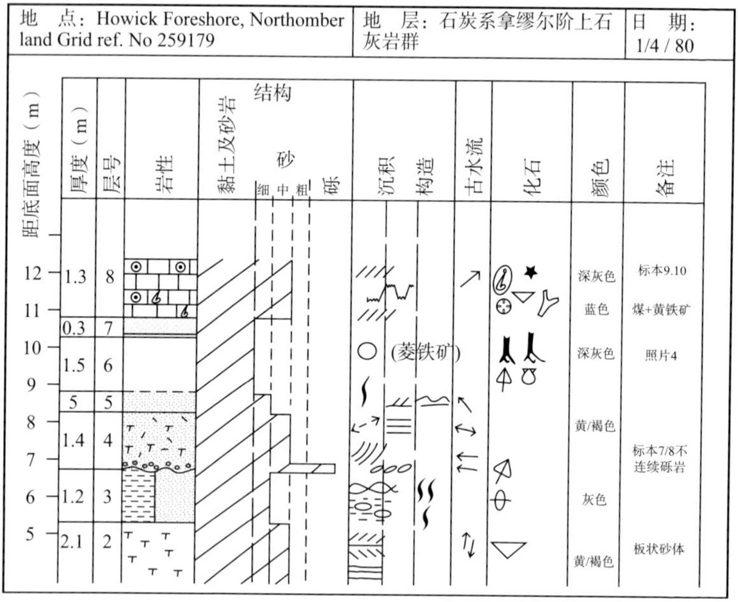

图 2.1 柱状剖面图实例

柱状剖面图的垂直比例尺取决于需要研究的细致程度、沉积物变化率及可用时间。对于小剖面的高精度研究工作，使用1∶10或1∶5的比例尺，但更多的用1∶50（即1cm等于实际的0.5m）或1∶100的比例尺。在某些情况下，没必要把整个层序或相同规模的层序记录下来，绘制一个代表性的柱状剖面图即可。

柱状剖面图没有固定的格式，因为不同层序所记录的特征是不同的。在柱状剖面图上有必要记录的特性有岩层或岩石单元厚度、岩性、结构（特别是粒度）、沉积构造、古水流、颜色和化石，地层接触特征也可标出。对于特殊的或需要补充的特征，可另加一栏备注。几种柱状图的类型被Graham在Tucker（1988）的文章里描绘出来。如想在野外待一段时间，那么出发之前应准备好这种图表。另一种方法就是把图绘制在野外记录本上，但由于野外记录本页面太小，通常效果不是很理想。

在露头连续或基本连续时，无疑可绘出柱状剖面图，这时就可选最方便的路线进行测量。若露头好但不处处连续，可沿剖面平移，找到接续岩层的露头。在岩层（通常是泥岩）未露出的地段，需进行少量挖掘，否则，要在记录本上标明"无出露"。柱状剖面图最好是从层序底部向上描述，这样就可以记录沉积作用随时间变化而变化的情况，而不是逆时描述。通常，地层边界和相变可通过剖面的向上移动轻易识别。

2.4.1 地层和岩石单元厚度

地层/岩石单元的厚度是用卷尺测量的，在岩层高角度倾斜且露头面又与层理斜交地段，测量厚度必须细心。注意岩石层序中要划分出不同岩石单元的界线；对于层面清楚或岩性变化明显的地段很容易区分。看起来一样的薄层，如果柱状剖面图采用大比例尺，可组合成单一岩性的岩石单元。如果岩性不同的薄层交替迅速出现，例如砂岩或页岩夹层，也可以被视为一个岩石单元，并要记录各层的厚度和特征，注意岩层厚度自下而上的增减情况。

因此，当绘制柱状剖面图时，往后站一点，观察层序中的自然断裂来定义各种地层或岩石单元。

对每一地层或岩石单元进行编号是十分有用的，便于以后参考；编号要从最底层开始。

2.4.2 岩性

在柱状剖面图上，用适当的花纹将岩性画成单独一列（图2.2）。若要进一步细分岩性，需补充更多的符号，或用彩色铅笔着色。如

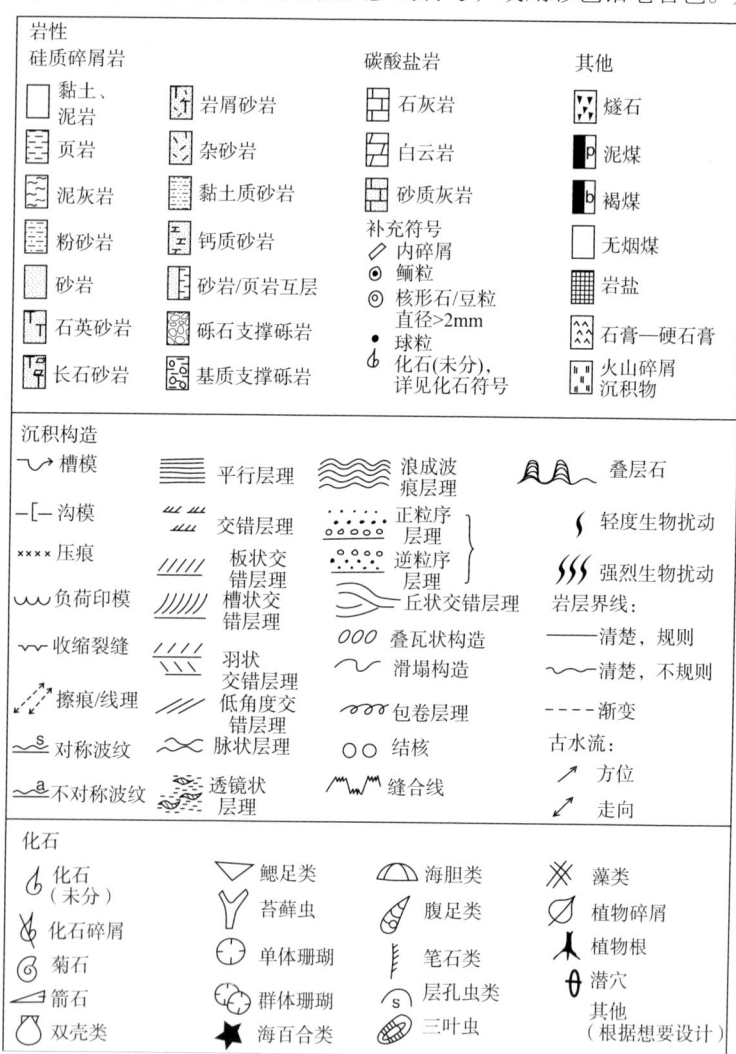

图 2.2 柱状剖面图中使用的岩性、构造和化石符号

果两种岩性呈薄互层，则把岩性栏用竖线分为两栏，填入两种不同类型的花纹。更详细的注释和观察结果应记录在野外记录本上，涉及的地层或岩石单元，用其数字编号表示。

2.4.3 结构和粒度

柱状剖面图上对于结构栏应有一个水平比例尺，用来表示泥（黏土+粉砂）、砂（分为细粒、中粒、粗粒、巨粒）和砾。如果图示粗粒沉积物的话，砾可进一步细分。可用细竖线画出各粒级界限，用来帮助记录粒度（或晶体大小）。确定岩石单元的粒度后，将其记录在柱状剖面图上并标注阴影区域：阴影区越宽，岩石的粒度越粗。也可把表示岩性和/或沉积结构的花纹叠加到结构一栏。在许多柱状图中，岩性和结构往往合成一列。

尽管一些显著的特点可记在备注栏里，但是其他结构特征，如颗粒组构、磨圆度和形态，也应记入野外记录本。如果层序中含有砾岩和角砾岩，则应特别注意这些特征。

对于碳酸盐岩的柱状剖面图来说，合并岩性/结构特征栏并且使用Dunham分类是很有用的（图2.3）。这样可以构建灰泥岩（M）、粒泥灰岩（W）、泥粒灰岩（P）和粒状灰岩（G）栏；若出现礁岩或叠层石，则可以补充生物粘结灰岩一栏。如果出现特别粗的石灰岩，则应分别增加砾屑灰岩（R）和漂砾岩（F）栏。

2.4.4 沉积构造和地层接触关系

地层中出现的沉积构造和地层接触关系可以用符号记录在一栏中。沉积构造出现在岩层顶、底面以及岩层内部。如果层面构造和内部构造都很发育，可把它们分别绘制在各自栏里。常见的沉积构造符号见图2.2。有关沉积构造的测量数据、素描图和文字描述应

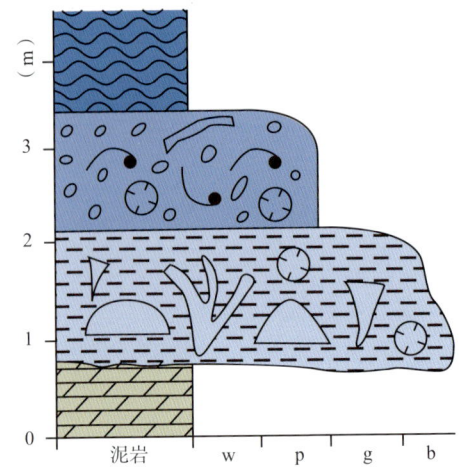

图 2.3 石灰岩结构柱状剖面图（Dunham 分类）
w—粒泥灰岩；p—泥粒灰岩；g—粒状灰岩；b—生物粘结灰岩

记录在野外记录本上。

注意岩层边界特征：（1）清楚而平整的；（2）清楚但不平整；（3）渐变的，各自可分别用直线、波浪线或虚线表示出来。

在柱状剖面图上增加一栏来表示生物扰动的程度是很有用处的。

2.4.5 古水流方向

在柱状剖面图中，古水流方向可用箭头或走向线记入单独栏里，或结构栏旁。古水流方向的测量数据应保留在野外记录本上；制作一个古水流的读数表格。

2.4.6 化石

柱状剖面图上应表示出岩石中存在的主要化石群类。常用的符号见图2.2。这些符号绘在靠近沉积构造的化石栏内。如果化石是组成岩石的主要成分（如某些石灰岩），那么主要化石类型符号可绘在岩性栏内。

可在结构栏里用单独的次级栏分别记录砾屑灰岩及漂砾岩的特征，其中含有丰富的化石并且组构为基质支撑或接触关系。化石观察要记录在野外记录本里。

2.4.7 颜色

沉积岩的颜色最好用颜色图表记录，但如果做不到这点，则在颜色栏记入代表颜色的缩写词。

2.4.8 备注栏

备注栏用于表述岩层或岩石单元的特殊特征，如风化程度和自生矿物的出现（黄铁矿、海绿石等），以及沉积构造、结构或岩性的补充信息。节理和裂缝也可记录在此（间距、密度）。标本号也可以记入此栏，照片或相互参照的素描图位置应记入野外记录本。

2.5 岩心柱状图

野外柱状剖面图的技术及方法同样可用于地下沉积岩岩心柱状图的绘制。譬如，在油气藏与矿场的勘探过程以及层序的构建过程。岩心柱状图旨在揭示岩石的粒度/结构和岩性、沉积构造、生物扰动指数、化石等特征，且可用来观察与多孔区、油气或沥青有关的显示状况。岩层粒度/相的长期趋势和旋回的存在，如各种层面的出现及不连续，可表明露头/水侵等。当然，这些特征在直径10cm的岩心中是很难看到的，也很难见到那些在露头中常见的大型化石。由于现今多数钻井为斜钻，或先垂直又水平钻，可能四处偏离，因此在一段岩心中测量地层厚度并不是件简单的事。裂缝往往是热点（就孔渗而言），能引起特别关注，但裂缝可能在钻井的过程中产生。

岩心中特别重要的是断层的存在，它能切断或重复层序。在岩心中，识别断层很难，而且确定其断距、类型和运动方向也非常难，同样地，对于判别断层的意义也很困难。

当岩心被切成两半时，可以看到一个平整表面，这样可以最好地观察岩心。岩心通常是比较脏的，也未抛光，所以水和海绵或聚乙烯喷雾瓶，是用来湿润岩心表面从而观察其表面构造特征的重要物品。要有足够的空间用来放岩心。此外，还需一个手持放大镜（或双目显微镜）、锤子、钢刀（用来测试硬度）、稀释酸、粒度图、样品袋和防水记号笔。若能进行电缆测井也很有用处，可以将测井曲线放在岩心旁观察。

岩心柱状图与那些用于野外的图表是相同的，其目的一样，都是记录手头项目所有必要的数据。添加油污级别一栏是很有帮助的，分为无、弱和强三个级别。有些区段无岩心收获，无法恢复地层（用交叉线记录），可能此区段的岩石在钻进过程中已破碎，仅能获得粉碎的岩石。岩心是珍贵的东西（因为获得通常需高昂的成本），因此，最好在取样时节省一半，以便将来参考研究，而不是全部取走进行化学分析或微化石提取。

2.6 岩相代码

在研究某些沉积岩类型时，主要是冰川、河流及深水碎屑沉积物，发明设计速记代码，使对野外露头和剖面图的描述更加简洁、高效。例如，在一个方案中（表2.1），GR, S, FI和DI分别指砾（砾岩）、砂（砂岩）、细粒（泥/泥岩）以及混积物（泥质砂/砾岩），相应地，如果沉积物量大，伴有槽状交错层理、板状交错层理、波状交错纹层、水平纹层等,可增加ma,t,pl,ri,h等作为限定词;在S或GR之前加字母vf,f,m,c或vc分别指代非常细粒、细粒、中粒、粗粒或巨粒的情况。因此,fShri代表细粒水平纹层和波状交错纹层砂岩。

表 2.1 硅质碎屑沉积物岩相代码

岩相代码		实际含义
岩性	GR	砾石
	S	砂
	Fl	细粒(泥岩)
	Dl	混积物
限定词	ma	大量的
	pl	板状交错层理
	t	槽状交错层理
	ri	波状交错纹层
限定词	h	水平纹层
	l	纹层状的
	ro	细根状的
	pe	成土的
前缀	f	细粒的
	m	中粒的
	c	粗粒的

注:表中速记符号对于河流、冰川和深水沉积物的快速描述很有用,但要注意此方法的局限性。

对于碳酸盐岩(表2.2),岩石类型的首字母既可作适当的速记代码,又可作为前缀限定,如:粒状灰岩(G)、泥粒灰岩(P)、粒泥灰岩(W)、泥岩(M)、生物粘结灰岩(B)等,可以与合适的限定词如st(叠层石的)、fe(网格状的)、o(鲕粒的)、q(石英的）等联用。因此，fGqo表示细粒石英鲕粒灰岩。

表 2.2　碳酸盐沉积物岩相代码

岩相代码		实际含义
岩性	M	泥岩
	W	粒泥灰岩
	P	泥粒灰岩
	G	粒状灰岩
	B	生物粘结灰岩
	R	砾状灰岩
	F	漂砾岩
	D	白云岩
限定词	fe	网格状
	st	叠层石
	o	鲕粒的
	p	球粒状的
	b	生物碎片
	cr	海百合状的
	v	多孔的
	q	石英的
前缀	f	细粒的
	m	中粒的
	c	粗粒的
	cx	结晶的
	d	白云质的
	si	硅质的

注：此速记符号用于快速描述，但要注意此方法的局限性。

若要记录很厚的沉积层序，使用岩相代码方法是很有用的。根据岩相和沉积构造特征，可自行设计适当的缩写，并在野外记录本上解释说明。

但是，岩相代码已经受到了一些批判，因为它们可能导致对于层序的描述过于简化与概括。代码和沉积物一一对应是有缺陷的，对于代码好的方案应该灵活运用，以便与罕见的、具有环境意义的岩石类型相匹配。

2.7 标本采集

样本规格取决于岩石性质和使用目的，对于大多数实验工作，手标本大小的样品已足够用。样品要从原地岩石采集，并应检查其是否为岩性上有代表性的未风化的新鲜岩石。若要敲击岩石取样，则需戴上护目镜保护眼睛后进行凿击取样。

岩石样品标号要用防水毡尖笔给样品（或样品袋）编号。很多情况下，标本上必须用向上的标志，用一个指向地层顶部的箭头就足够了。为详细研究组构，还应标出样品的方向（走向和倾角）。样品号和方向数据可记入野外记录本并附样品素描，以保安全。

为了提取微体化石，如中、新生界泥岩中的有孔虫和古生界石灰岩中的牙形石，还应采集化石样品。通常，像手掌大小约1kg样品即可满足实验研究。大化石也可以在野外收集，后期进行清洗、鉴定。不同岩层或岩相的动物群应该单独保存在不同的样品袋里。很多化石还需要单独用报纸进行包裹。

取样要有节制，只带走研究所需即可。若是做沉积学及古环境研究时，很多化石在野外即可充分鉴别出，则无须取样带走。

2.8 结果描述

野外数据一旦被收集后，需整理展现出来。如野外素描和照片以及岩相图，简要的柱状剖面图也非常有用。在野外工作之后，收集的资料需要进行数字成图处理，以便永久保存。需用画图软件

（例如CorelDRAW，FreeHand）或一些特定柱状图绘制程序。

简要的柱状剖面图包括描述粒度、主要沉积构造及大致岩性几个方面，这种柱状剖面图给出对层序特征的直观印象，特别是粒度和岩性的向上变化特征。若要表述更多信息，可在粒度和构造描述附近单独成一栏表示（图2.4）。

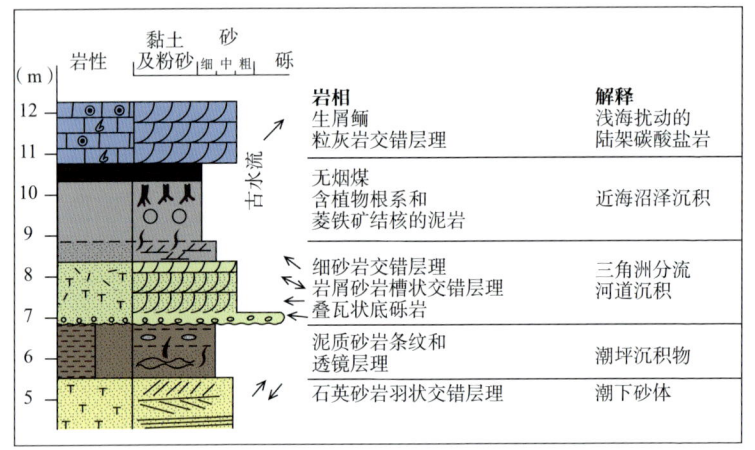

图 2.4 简明柱状剖面图范例

层序中粒度的大规模变化是很有趣的，如更长期的相变，它能揭示海水是否长期变浅或变深。可在柱状剖面图旁用长箭头或窄三角表示这些类型的趋势。

表示沉积岩石单元横向关系的线条图与揭示沉积史更多细节的素描图和/或照片应写入报告。

表示区域横向同期地层的岩相分布图是非常有用的，它可表明特殊相特征的变化，如粒度、厚度、砂泥比等。有很多可用的计算机程序，用来处理野外数据，绘出曲线、图表和地图，这样在报告里可以给人留下深刻的印象。可以利用地层厚度数据、古水流数据以及其他测量数据进行地层分析。

2.9 岩层示顶底标识

沉积岩层通常都是褶曲的，对于小型露头，特别是在近似直立的地层中，层序顶底不易显现。这种情况下，需要核对新地层的方向。根据本书中描述的许多沉积构造，见图2.5，可推测出地层的顶底。

可用的良好构造有：

（1）交错层理——寻找交错层理的削截面；

（2）递变层理——岩层底部为粗粒沉积（但须注意逆粒序的可能性，尤其在砾岩和非常粗的砂岩中）；

（3）冲刷面和水道——水道下切下伏沉积物，形成一突变接触面，且粗粒物质往往沉积于冲刷面之上；

（4）底面构造——岩层下侧的槽痕、沟痕以及水流蚀痕；

（5）泥裂——V形，裂隙常被砂质充填；

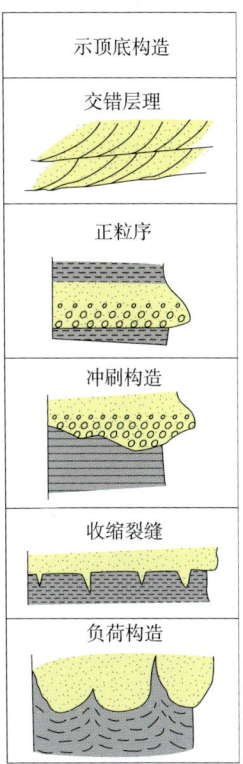

图 2.5 五种地层的示顶底构造示意图

（6）脱水及负荷构造——火山石、沉积岩脉、砂火山；

（7）波痕及泥裂——通常出现在岩层上表面；

（8）交错纹理——寻找交错纹理的削截面；

（9）石灰岩示顶底构造——溶洞内下部为层内沉积物，上部为方解石胶结物；

（10）特定遗迹化石及其发育位置（如珊瑚、双壳类、*Conichnus*）。

另外，还有一些构造特征可以作为示顶底识别标志：顺层劈理关系和褶皱轴向。

2.10 地层实践

在地层学方面，根据岩性（岩石地层学）、化石（生物地层学）、关键界面（层序地层学）和时间（年代地层学）来划分岩石单元。野外工作时，主要用纯描述性的岩石地层术语研究沉积岩。

（1）超群：相关或叠加群的组合。

（2）群：组的组合。

（3）组：最基本的岩性地层单位，通过岩性特征和层位来识别，一般为板状。在地表可用图表示，也可追溯至地下，一般数十到数百米厚。

（4）段：组成组的一个岩石地层单位。

（5）层：段的细分，沉积岩最小的岩石地层单位。

2.10.1 岩性地层学

岩性地层学的基本单位是组。组具内部岩性均匀性，并作为基本填图单位。相邻组在物理性质或古生物特征上应易区分。组间界线可以是渐变的，但在特定的剖面上即使是人为的界线也应明确规定。组虽然无固定厚度，但通常为几百至几千米。在一个区域内，组厚度有侧向变化，且组通常也会出现大规模的穿时。在地层学上相邻又相关的地层，如沉积于同一盆地内的，可组合成一个群（厚度一般为1000m）。两个或更多相关群可组成一个超群。组可再分成若干段，各具具体岩性特征。段内若有一特殊岩层，也可用它命名。岩性地层学单位用地名命名，其内可包括表明地层主要岩性的术语。

有几种刊物给出了定义岩性地层学单位步骤的细节，且存在一个国际代码。在世界上很多地方，沿用的旧的地层命名，不遵守国际规范。因此，建立区域岩性地层或拟定区域地层层序时，要根据岩性和主要的地层不整合/假整合来划分不同的岩石单位。然后选择一个具有特殊岩性的良好露头，且所有或多数层序出露的区域，对岩层进行命名。地层可能有几种特殊的单元，称之为小层，亦对其命名。若研究一个具不同地质或时代背景的大区域，将发现多个沉积群。

2.10.2 层序地层学

层序地层学可提供一种能理解沉积系统在时空上演化的框架，就如从已知区域进行古地理重建及一定程度的相预测一样。层序地层学是一种越来越盛行的方式，但必须得说，有时会引起争议。争议点即是根据关键层面划分地层是否恰当，如依据层序中的不整合及与之相对应的整合、洪泛面等。层序是在可容空间与物源供给中，变化的完整旋回内沉积地层的演替序列（Catuneanu等，2009）。可容空间指可提供沉积物潜在堆积的空间，可增可减。不整合作为在多个层序模式中的序列边界（SB），是一个有地表暴露证据的新老地层分界面；它可横向（向盆方向）穿越与之相对应的整合。多数水侵面可解释为层序边界。

一个层序通常可以分为几个在可容空间（相对海平面）内旋回变化的特定时期沉积的体系域（ST）（定义为同期沉积的集合体，即相关相或相组合），即下降期体系域（FSST，也称为强制水退体系域）、低位体系域（LST）、海侵体系域（TST）和高位体系域（HST）（图2.6）。在一种模式中高位体系域+下降期体系域+低位体系域组成了海退体系域（RST）。除了不整合以及可以与之相对应的整合,其他关键界面有海侵面(ts),在海侵体系域底部,更靠近盆地近端的一侧(向陆),海侵面可与地表不整合一致;另外,最大海泛面(mfs)将海侵体系域与高位体系域分开(图2.6)。在盆地的更远端部分,通常有一凝缩层(CS),相当于海侵体系域的顶界面、最大海泛面及高位体系域的下部位。常用的层序地层学术语定义如下。

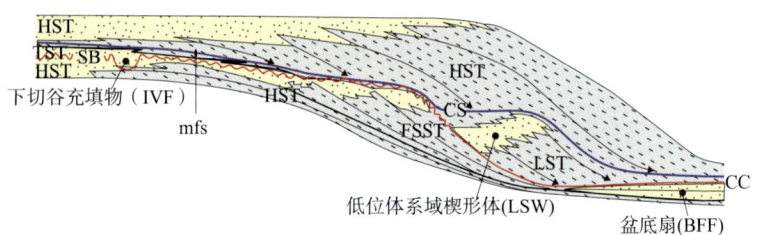

图 2.6 一般可应用于硅质碎屑和碳酸盐沉积物的层序地层模型(简化的)
表征了体系域和标志层的分布,砂岩和泥岩的位置;FSST、LST、TST、HST分别指下降期体系域、低位体系域、海侵体系域和高位体系域;SB指层序边界,CC指与之相关的不整合;ts指海侵面;mfs指最大海泛面;CS指凝缩层

(1)层序:在可容空间或沉积物供给中,变化的完整周期内,沉积地层的演替序列。共三种类型:沉积层序、成因序列、T—R层序。

(2)关键界面:地表不整合或与之相对应的整合、海侵面、最大海泛面,其将层序划分成体系域。

(3)地表不整合或与之相对应的整合面:由于地表环境下河流侵蚀或改道、土壤作用、风化作用、溶解作用或岩溶作用的结果导致地表不整合的形式。水下的同期地层,与之相对应的整合面,是从高位期标准海退变化到强制海退/低位相的标志。

(4)海侵面(ts)(也叫最大海退面):标志低位体系域标准的海退到海进地层叠加模式的变化的地层面。

（5）最大海泛面（mfs）：标志海进到高位体系域标准海退的地层叠加模式变化的地层面，通常为深水相；远端饥饿沉积形成凝缩层（CS），被一个向上变浅的沉积序列所覆盖。

（6）层序边界（SB）：划分各个层序；关键界面是否为层序边界则取决于层序模式。在沉积层序模式（图2.6）里，层序边界是地表不整合面或与之相对应的整合面。

（7）体系域（ST）：同期沉积体系的组合。

体系域通常可被划分为五种：①下降期体系域（FSST）（也称为强制水退体系域，FRST），在可容空间减少（相对海平面下降）期间进行相沉积，强制海退；②低位体系域（LSL），在相对海平面下降，标准海退期间的相沉积；③海侵体系域，可容空间增大（相对海平面上升），海侵期间的相沉积；④高位体系域（HST），相对海平面较高，标准海退期间的相沉积；⑤海退体系域（RST），高位体系域+下降期体系域+低位体系域。

（8）准层序（psq）：是一个以海泛面或与之相对应的面为界，由成因上有联系的层或层组构成的相对整合序列。

（9）准层序组：是指由成因相关的一套准层序构造的具特殊堆砌样式的一种地层序列，其边界为一个重要的海泛面或与之相对应的面。

（10）海泛面（fs）：是一个新老地层的分界面，穿过这个界面有证据表明水深的突然增加。

目前在用的层序地层学模式有以下几种：沉积层序、成因序列和海侵—海退（T-R）层序，各具特殊边界面及体系域序列（Catuneanu等，2009）。要用最适合的模式来研究层序演替。这取决于可用的数据、沉积背景和沉积相：海相与非海相，碎屑岩与碳酸盐岩，浅水沉积与深水沉积及个人地质思维等。图2.6表示具有4

个体系域的沉积层序的基本模式。

实际上，有些特征可在野外明确描述，例如沉积物几何形态及关系、粒度和相模式，以及垂向和横向的相变、地层及其米级旋回趋势，利用这些数据便可用最合适的模式解释层序地层的演替变化。

图2.7显示了沉积物在时间和空间上的分布及陆上暴露的时间。缩写说明见图2.6。

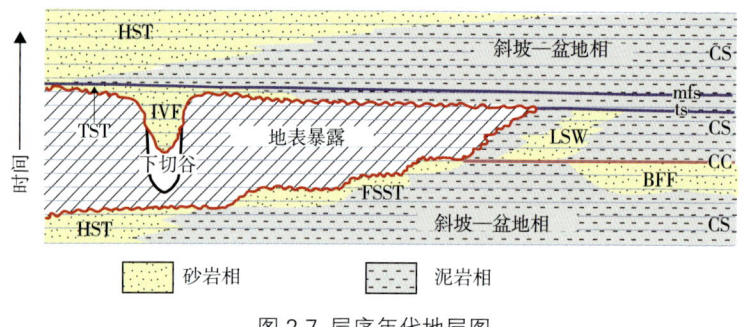

图 2.7 层序年代地层图

很多层序，尤其在碳酸盐岩台地和滨岸碎屑岩中，由几米或几百米的旋回组成，称为准层序（通常由底部的海泛面来定义），而体系域可由准层序的叠加样式（例如，由薄变厚或由细变粗）及向上的相变定义，是可容空间变化周期的反映。

一个地区的层序通常由字母、数字或两者相结合来命名，命名要从底部向上进行。

2.10.3 年代地层学

年代地层学关注的是地层在时间上的记录。特别是在盆地尺度上研究地层的演替，并且沉积期或隆起期出现小断层时，用这种方式考虑地层非常实用。年代地层表描述了地层时空上的演替，而不仅仅是表征地层厚度。它能揭示何时何地发生沉积和陆上暴露，以及不同地层单元之间的关系。

岩性地层或层序地层分析一旦完成，则其对勾画年代地层草图很有帮助（图2.7）。年代地层是按时代—地层单位划分的，指的是特定时间间隔内地层的沉积演化。古生界、中生界和新生界各系、统、阶名称及年代地层见表2.3至表2.5。

表 2.3 新生界年代地层表

系	统	阶	年龄（Ma）
第四系	全新统		0.1
	更新统		1.7
新近系	上新统	格拉斯阶	5.5
		皮亚琴阶	
		赞克勒阶	
	中新统	墨西拿阶	24
		托尔顿阶	
		塞拉瓦尔阶	
		兰哥阶	
		波尔多阶	
		阿启坦阶	
古近系	渐新统	恰特阶	34
		鲁培勒阶	
	始新统	普利阿帮阶	54
		巴尔顿阶	
		卢台特阶	
		伊普里斯阶	
	古新统	塔内提阶	65
		塞兰特阶	
		达宁阶	

表 2.4 中生界年代地层表

系	统	阶	年龄（Ma）
白垩系	上白垩统	麦斯特里希特阶	99
		坎佩尼阶	
		桑托阶	
		科尼亚克阶	
		土仑阶	
		森诺曼阶	
	下白垩统	阿尔必阶	142
		维克特阶	
		巴列姆阶	
		蒙特里维阶	
		凡兰吟阶	
		玻利亚斯亚阶	
侏罗系	上侏罗统	提通阶	156
		基梅里阶	
		牛津阶	
	中侏罗统	卡洛夫阶	178
		巴通阶	
		巴柔阶	
		阿连阶	
	下侏罗统	土阿辛阶	200
		托尔阶	
		普林斯巴阶	
		赫唐阶	
三叠系	上三叠统	瑞替阶	230
		诺利克阶	
		卡尼阶	
	中三叠统	拉迪尼亚阶	251
		安尼西阶	
	下三叠统	奥伦尼克阶	
		印度阶	

表 2.5　古生界年代地层表

系	统	阶	年龄（Ma）
二叠系	乐平统	长兴阶	
		吴家坪阶	
	瓜德鲁普统	卡匹敦阶	270
		沃德阶	
		罗德阶	
	乌拉尔统	空谷阶	290
		亚丁斯克阶	
		萨克马尔阶	296
		阿瑟尔阶	
石炭系	上石炭统	格舍尔阶	323
		卡西莫夫阶	
		莫斯科阶	
		巴什基尔阶	
	下石炭统	谢尔普霍夫阶	360
		维宪阶	
		杜内阶	
泥盆系	上泥盆统	法门阶	382
		弗拉阶	
	中泥盆统	吉维特阶	395
		艾菲尔阶	
	下泥盆统	埃姆斯阶	417
		布拉格阶	
		洛霍考夫阶	
志留系	上志留统	普里多利阶	424
		卢德洛阶	
	下志留统	温洛克阶	443
		蓝达夫里阶	
奥陶系	上奥陶统	阿石极阶	458
		卡拉道克阶	
	中奥陶统	兰维尔阶	475
	下奥陶统	阿伦尼克阶	490
		特马豆克阶	
寒武系	上寒武统		500
	中寒武统		511
	下寒武统		545

第 3 章

沉积岩类型

3.1 主要岩石类型

在野外,主要从两个方面的特征来确定沉积岩的类型:矿物的组成和粒度。按照成因分类方案,沉积岩可概括为四类(表3.1)。

表 3.1 四种主要的沉积岩类型及其主要的岩石类型

陆源碎屑岩	生物化学—生物有机岩	化学沉积岩	火山碎屑岩
砂岩、泥岩、砾岩和角砾岩	石灰岩和白云岩、煤、磷灰岩、燧石	铁矿石、蒸发岩	由火山碎屑组成的沉积岩(火山碎屑物)、凝灰岩

最常见的岩性是砂岩、泥岩和石灰岩(可被改造为白云岩)。其他类型较少见,往往仅限局部发育,如蒸发岩、铁矿石、燧石和磷酸盐沉积物;另外,在区域上火山碎屑岩也很重要,其分布受火山作用控制。

在某些情况下,岩石是否属于沉积成因需仔细研究斟酌。比如,杂砂岩看起来非常像辉绿岩或者玄武岩,特别是仅观察从野外采回来的手标本时。表明沉积成因的标志一般包括以下几个方面:

(1)包含层理;
(2)层面和层内含有沉积构造;
(3)含有生物化石;
(4)有经搬运的颗粒或砾石(即碎屑);
(5)有沉积成因的特殊矿物(如海绿石、鲕绿泥石)。

3.1.1 陆源碎屑岩

陆源碎屑岩包括砂岩、泥岩、砾岩和角砾岩,其组成主要是碎屑颗粒(硅酸盐岩,特别是岩屑)。

砂岩主要由直径为0.06~2mm的颗粒组成(见3.2节)。层理清楚,层面及层内常见沉积构造。

砾岩和角砾岩,也称作碎屑岩,由一些较大的碎屑(中砾、粗砾和巨砾）组成。砾石在砾岩中磨圆好，在角砾岩中多带棱角，砂质和泥质杂基可有可无。

泥岩颗粒很细，粒径大多小于0.06mm，成分主要由黏土矿物和粉砂级石英组成。大部分泥岩缺层理，露头不好，颜色多样，化石含量多变。

随着粒度的增加，泥岩逐渐变为砂岩，最后变为砾岩，当然也会有砂、泥、砾的混合物。图3.1介绍了黏土、粉砂和砂的混合物以及泥、砂和砾的混合物的分类。高频率砂岩互层的沉积物和泥岩常被认为是异粒岩相。

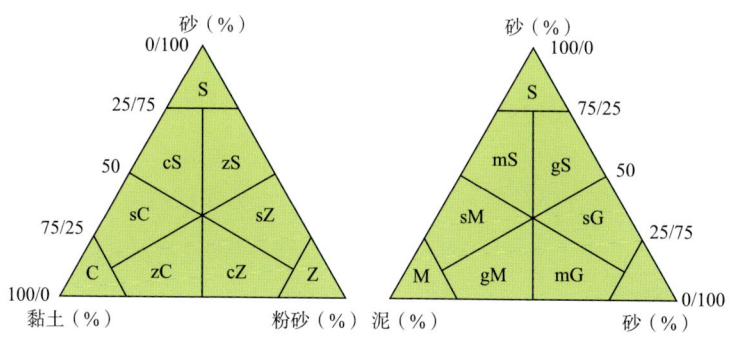

(a) 砂(S)、粉砂(Z)和黏土(C)混合物的分类　(b) 砂(S)、泥(M)和砾石(G)混合物的分类
图 3.1 陆源碎屑岩的分类
s代表砂质的，z代表粉砂质的，c代表黏土质的，m代表泥质的，g代表砾石质的；
对于岩石来说，S代表砂岩，M代表泥岩，Z代表粉砂岩，G代表砾岩

3.1.2 碳酸盐岩

石灰岩（见3.5节）含有50%以上的$CaCO_3$，所以，标准检验方法是用稀盐酸（HCl），石灰岩遇稀盐酸会吱吱响。大部分石灰岩的颜色是灰色的，但是白色、黑色、红色、浅黄色、淡黄色和黄色也是很常见。石灰岩中常见化石，在某些情况下，化石的含量很高。

白云岩由50%以上的$CaMg(CO_3)_2$组成的，几乎不与稀盐酸反应

(然而若白云岩呈粉末状,起初也会反应,吱吱响冒泡),但易与温盐酸或浓盐酸反应。茜素红加入盐酸中,可以把石灰岩染成粉红色至淡紫色,白云岩则不染色。很多的白云岩呈乳黄色或者褐色,硬度大于石灰岩。大多数白云岩由石灰岩交代而成,原始构造很难被保存。白云岩的典型特征是化石保存条件差及溶洞(不规则洞)的出现。

3.1.3 其他岩性

石膏是唯一常见于地表露头的蒸发盐矿物,在泥岩中主要以细晶结核形式产出,但也常伴生有纤维状石膏(纤维石膏)脉。只有干旱地区,才能在地表见到硬石膏和石盐等蒸发盐。

铁矿石包括层状、结核状、鲕状和交代状等类型。这类岩石的地表露头常常风化成锈黄色或褐色。有些铁矿石的相对密度比其他的沉积岩要大。

燧石大多为隐晶质—微晶质的硅质岩,以坚硬的层状或者结核状出现在其他岩石中(特别是石灰岩)。很多燧石呈深灰色到黑色,或呈红色。

磷酸盐沉积物(磷灰岩),大部分是由富集的骨屑或者磷酸盐结核组成的。磷灰岩本身一般是隐晶质的,新的破裂面上暗无光泽,呈褐色或黑色。

有机沉积物,比如无烟煤、褐煤以及泥煤是人们熟知的,油页岩可通过其气味和颜色(暗黑色)进行识别。

火山碎屑沉积物,包括凝灰岩,由火山成因的物质组成(主要是熔岩碎屑、火山玻璃和结晶物质)。火山碎屑岩颜色不一,由于绿泥石交代,很多呈绿色,火山碎屑岩地表露头风化严重。火山碎屑专指直接来源于火山活动的物质;而外力碎屑指来自火山碎屑再造作用产生的次生沉积物,如泥石流和河流沉积物。

3.2 砂岩

砂岩由五种主要的成分组成：岩屑（岩石颗粒）、石英颗粒、长石颗粒、基质和胶结物。基质由黏土矿物和粉砂级别的石英组成，在很多情况下，这些细粒物质和砂粒一同沉积。不过，不稳定颗粒的成岩分解也可形成基质。黏土矿物会在成岩过程中沉淀充填在孔隙中。胶结物在成岩过程中也会围绕在颗粒或在粒间沉淀下来，常见的是石英和方解石。成岩过程中有赤铁矿，常将砂岩染成红色。

砂岩成分很大程度上可反映物源区的地质和气候条件。某些颗粒和矿物，其机械性质和化学性质均较稳定。稳定性逐渐降低的矿物依次是石英、白云母、微斜长石、正长石、角闪石、黑云母、辉石和橄榄石。成分成熟度是一个有用的概念：未成熟的砂岩含有多种不稳定的颗粒（岩屑、长石和镁铁质矿物）；成熟砂岩由石英、部分长石和岩屑组成；而过成熟砂岩几乎全由石英组成。一般来说，成分未成熟的砂岩靠近物源区沉积，过成熟的砂岩则是经过长途搬运、累经改造的产物。因此，物源区的地质条件、风化程度及搬运距离决定了砂岩中存在的矿物组成。

已普遍采用的砂岩分类是根据石英（+燧石）、长石、岩屑和基质在岩石中所占的百分比来划分的（图3.2）。另外，含有非碎屑成分的砂岩称为杂砂岩，如碳酸盐颗粒（鲕粒、生物碎屑等），将在

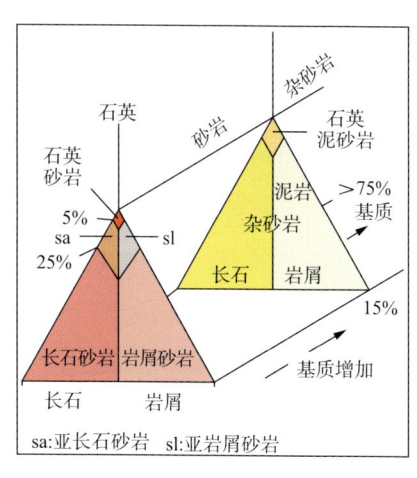

图 3.2 砂岩分类

在野外仔细用放大镜观察，可以分辨出主要的砂岩类型：石英砂岩、长石砂岩、岩屑砂岩和杂砂岩

下文讨论。砂岩组成采用节点法，借助计点器和岩石显微镜在薄片上分析确定。

在野外通过放大镜仔细观察研究，可以确定砂岩的组成和命名，以后可在实验室利用薄片验证。尝试用放大镜估计砂岩的基质含量，然后确定它是砂岩（净砂岩）还是杂砂岩（基质含量>15%，泥质砂岩）。

颗粒性质最好在其断面上确定。图3.3可以用来估算岩石中各种成分的百分比。

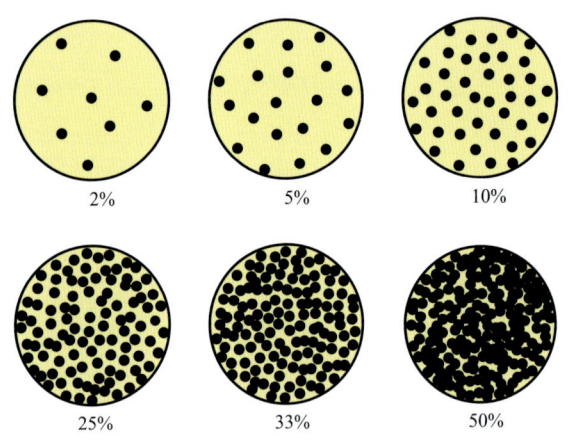

图3.3 岩石中各种成分百分含量估计图
用来粗略估算岩石中颗粒或生物组分（化石）或晶体的百分含量

石英颗粒呈乳白色—透明玻璃状（图3.4），无解理面但有贝壳断口。石英颗粒的周围经常见次生加大边，使晶面平直，并可吸收光（图3.4b）。长石颗粒常被黏土矿物微交代或全部交代（图3.4c），故不显示石英那样的新鲜玻璃状外观；长石颗粒通常呈白色，也可能为粉红色。在断裂面上借助反光通常可见长石的解理面和/或双晶面。大多砂岩的露头，可依其混杂性质辨认岩屑，它们还可显示蚀变现象（如变成绿泥石）。至于云母，依其片状特征来辨认，白云母呈银灰色和片状；黑云母较少见，可通过其褐—黑色辨认。

(a) 石英砂岩　　　　　(b) 长石石英砂岩

(c) 岩屑砂岩

图 3.4 三种砂岩类型的表面特写

(a) 过成熟砂岩，由石英颗粒组成，伴有次生胶结物晶面反光，浅海相，二叠系，澳大利亚西部；(b) 成熟砂岩，白色长石颗粒蚀变为黏土，有些次生的石英吸收光线而较暗，赤铁矿的涂层形成了红色色素的沉淀，风成相，二叠系，英格兰西北部；(c) 泥岩的岩屑颗粒（灰褐色）和长石的岩屑颗粒蚀变为黏土（白色），河流相，石炭系，英格兰东北部，粒径约1mm

砂岩的某些胶结物可在野外鉴别。除了用酸来检测方解石外，很多这类胶结物呈大的嵌晶（数毫米甚至厘米级）包裹着几个砂粒。用放大镜不难看到这类晶体的解理破裂面，或用肉眼通过观察方解石解理面反光现象来识别。石英胶结物通常在石英颗粒上呈增生形式，增生常发育成晶面和终止界面，这些用放大镜可以观察到，或对着阳光，石英颗粒晶面会闪闪发光（图3.4）。

3.2.1 石英砂岩

石英砂岩在成分上过成熟，这类岩石是（但不限于是）高能浅海环境的典型岩石，也是沙漠中风成（风吹）沙海的典型岩石（图3.4a）。沉积构造，特别是大、中、小型交错层理普遍发育。由于只含石英，石英砂岩常呈白色或浅灰色（特别是浅海环境的）。风成石英砂岩常呈红色，这是由于细而分散的赤铁矿包裹石英颗粒的缘故。胶结物常为石英和方解石。

沉积物由于受到淋滤作用，把所有不稳定的颗粒溶解掉，也能形成石英砂岩。致密硅岩就是这样形成的，产于煤层之下，含有植物根系（黑色有机条纹）。

3.2.2 长石砂岩

长石砂岩的鉴定特征，是高百分比的长石颗粒（>25%）。不过，在地表露头上，长石颗粒可发生变化，尤其是变成高岭土（白色黏土矿物）（图3.4b）。许多长石砂岩呈红色或粉红色，一方面是由于含有粉红色长石，但也与赤铁矿的染色作用有关。有些粗粒长石砂岩，如果不见层理，看起来像花岗岩。长石颗粒多呈次棱角状—次圆状，中等分选，颗粒间存在相当多的基质。在半干旱的气候条件下，较快的剥蚀作用和堆积作用形成许多长石砂岩。河流系统（冲积扇、辫状河）是长石砂岩的典型沉积环境，尤其是在有花岗岩暴露的物源地区。

3.2.3 岩屑砂岩

岩屑砂岩在组成和外观上是多种多样的，这与其岩屑种类有关。在页状砂岩中，泥质沉积岩碎屑占主要部分，在灰屑岩中以石灰岩碎屑占优势。在岩屑砂岩中常见火成岩和变质岩的颗粒。在野外，能认出岩屑砂岩就可以了，详细分类有待岩相学的研究。岩屑颜色多变，可能含有较多的长石颗粒和石英颗粒（图3.4c）。很多岩屑砂岩是三角洲和河流沉积物，但也能在别的环境中沉积形成。

3.2.4 杂砂岩

杂砂岩多为坚硬的深灰色岩石，基质很多。长石和岩屑颗粒常见，用放大镜可清楚鉴别。虽然杂砂岩不受沉积环境限制，但很多是较深水盆地浊流沉积的，故具有典型浊积岩的沉积构造（底面构造、粒序层理和内部纹理）。杂砂岩通常向上递变为泥岩。

3.2.5 混合砂岩

混合砂岩含有一种或多种非碎屑成分，如自生矿物海绿石或方解石颗粒（鲕粒、生物碎屑等）。绿砂由海绿石（钾铁铝硅酸盐）组成，还含有数量不定的硅质碎屑颗粒。海绿石往往形成于海洋大陆架中缺少沉积物区。

钙质砂岩中含有相当多的（10%～50%）碳酸盐颗粒、骨屑和鲕粒。含有碳酸盐颗粒50%以上时，岩石为砂质灰岩。钙质砂岩中，碳酸钙以胶结物的形式存在。

要进一步明确砂岩组成和矿物成分，需采集标本，制成薄片加以研究。砂岩的岩相即岩相学上不同的砂岩，对于解释当时沉积物来源和古地理具有重要意义。广义上讲，砂岩的成分与沉积盆地板块构造背景相关。

3.3 砾岩和角砾岩

描述砾岩和角砾岩重要且关键的特征是其所含的碎屑种类和岩石结构。第4章将从结构的角度对砾岩和角砾岩进行描述。其他用来描述这些粗粒（粒径大于2mm的颗粒占主要部分）硅质碎屑沉积物的术语有：砾屑岩（简单的粗粒沉积岩）、混积岩——分选差的，一般不含钙质的，含陆源碎屑的砾—砂—泥的混合物（未胶结时称为混杂沉积物）。曾经也用过混杂岩。巨型角砾岩是指非常大的块状沉积物。

按碎屑来源，砾岩和角砾岩分为内成的和外成的。内成的碎屑来自沉积盆地内部，其中有很多是泥岩和泥晶灰岩的碎屑，在海底/河道等地，经准同生侵蚀作用或沿海岸线、湖边、潮坪等的去湿干缩作用剥离下来随后再搬运形成。外成碎屑来自沉积盆地以外，因此年龄老于周围的沉积物（图3.5）。

图 3.5 多杂质砾岩

磨圆较好的脉石英（白色卵状），粒径5～10cm，含粗砂基质，三叠系，东帝汶

应当观察砾岩中碎屑的种类：多杂质砾岩具有几种或多种不同类型碎屑（图3.5）；单成分砾岩只含一种碎屑。

砾岩和角砾岩中外成碎屑的性质具有重要意义，它能提供有关沉积物源和当时物源区出露岩石的有用信息。为使砾石性质的统计有意义，应当鉴别数百次，但少些勉强也可。如有可能，可对砾岩地层序列的不同层位或工作地区的不同位置进行砾石统计。每个采样点分析结果应绘制成直方图或饼状图，进而用不同的宽度对不同类型的碎屑整体作图分析（图3.6）。这些资料可揭示沉积阶段由于上升与剥蚀，物源区出露岩石特征上发生的变化，或表明有几个不同地区在提供物质。

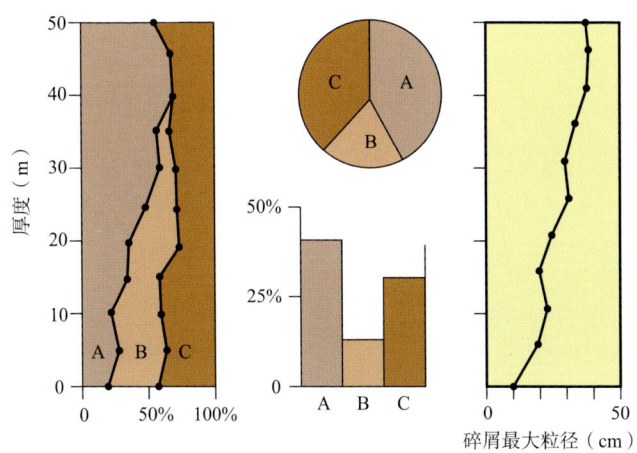

图 3.6 碎屑数据描述
连续的砾岩层中，每隔5m绘制地层碎屑成分（A，B，C三种类型），作出柱状图和饼状图，并绘制每层与该层中碎屑粒径最大值关系图

结构对于说明砾石—巨砾沉积岩的沉积机制很有意义。要把杂基支撑（副砾岩，若未胶结，也称混积物）与碎屑支撑砾岩（正砾岩）分开。应测量砾石形状、大小及排列方向，同时也应测量砾岩层的厚度和几何学特征以及各种沉积构造。

砾岩和角砾岩发育于各种环境，特别是冰川、冲积扇和辫状河。在冰川环境下发育的碎屑岩，通常为杂岩，并且有纹理和划痕。河流相砾岩可能是红色的，或和泥岩互层于泛滥平原中。在滨岸和浅海环境下发育的砾岩中可能会含有海洋生物化石，并且在卵形的砾石（尤其是石灰岩砾石）中或许可见到生物钻孔和钙质壳体生物。在深水区，泥石流和高密度浊流也可沉积形成砾岩，常与含有深水生物化石的泥岩伴生。

一些特殊类型的角砾岩，包括坍塌角砾岩、陨石冲击角砾岩、火山角砾岩和构造角砾岩。其中坍塌角砾岩是通过岩溶角砾岩或者蒸发岩发生溶蚀而形成的。

3.4 泥质岩

泥质岩在所有的岩性中量最多，但由于粒度细，野外常难描述。泥质岩主要由粉砂（$4\sim62\mu m$）和黏土（$<4\mu m$）级颗粒组成。粉砂岩和黏土岩是分别以粉砂和黏土级物质为主（$>75\%$）的沉积岩。黏土岩能以粒度细和外观均一来识别；含粉砂或砂的泥质岩，牙咬时有"砂"感。

页岩的特征是具有易裂性，总沿层理裂成页片；很多页岩是薄层状的。泥岩则不易裂，多呈块状。泥板岩是固结较好的泥岩，板岩则具劈理。泥灰岩是一种钙质泥岩。泥质岩向砂岩过渡，由黏土—粉砂—砂、泥—砂—颗粒组成混合物的术语见图3.1。

泥质岩主要由黏土矿物和粉砂级石英颗粒组成，也含有其他矿物。有机质的含量可达百分之几或更高，随着碳含量的增加，泥质岩颜色逐渐加深，最终变为黑色。用锤子敲打富含有机质的岩石，会产生独特气味。

泥质岩中常有结核发育，一般为方解石、白云石、菱铁矿或黄铁矿。很多泥质岩中都含有化石，包括一些微体化石，需在实验室里来提选。然而，在泥岩的埋藏压实过程中，有些较大的化石常被破坏和压缩。

泥质岩实际上可以发育在各种环境中，尤其是河流的泛滥平原、湖泊、低能滨岸、潟湖、三角洲、外陆架和深海盆地。泥质岩连同其所含化石信息，对于环境解释有重要意义。

在野外，一旦确定了泥质岩的类型，就可用一两种反映典型特征或显著特征的形容词来描述它。要说明的特征有颜色、剥裂程度、沉积构造和矿物、有机质及所含生物化石（表3.2）。

表 3.2　研究泥质岩时应观察和说明的特征及描述术语

泥质岩特征	可能性及描述术语
颜色	灰色、红色、黑色、绿色、杂色、斑点状
破裂情况	易裂的（页岩）、不易裂的（泥岩）、块状、土状、纸片状的、板状的
沉积构造	层状、纹层状、生物扰动、植物根迹、块状构造（无明显构造）
非黏土矿物	含石英、云母、钙质、膏质、黄铁矿、菱铁矿等
有机物	富有机质、沥青质、碳质、不含有机质等
化石	含化石、笔石、介形虫等

3.5　石灰岩

在野外，石灰岩和砂岩一样，只能以有限的方式来描述；详细情况经过薄片和揭片研究才能知道。石灰岩大多由三种成分组成：碳酸盐颗粒、灰泥/泥晶（微晶方解石）和胶结物（通常为方解石晶体或者纤维状方解石）。石灰岩中主要的颗粒有生物碎屑（骨粒/化石）、鲕粒、球粒及内碎屑。很多石灰岩与砂岩类似，由沿着海底搬运过来的砂粒级的碳酸盐颗粒组成；其余的可与泥质岩相比，是细粒的、由石化的灰泥（泥晶或灰泥岩）组成。有些石灰岩由碳酸盐骨架就地生长而成，像礁灰岩那样；或通过微生物丝状体（藻席）捕集并粘结沉积物而成，像叠层石、复理石那样；或通过微生物沉淀而成，如凝块叠层石、石灰华。

现代沉积的碳酸盐颗粒由文石、高镁方解石和低镁方解石组成。石灰岩是由低镁方解石组成的，它是通过原始文石被方解石交代和原始高镁方解石的镁流失而成。文石颗粒很难保存，仅有化石能在不渗水的泥岩中保存，而非石灰岩。某些石灰岩中可见文石化石和鲕粒经溶蚀而形成的孔洞（印模）。石灰岩的其他重要成岩变化还有白云岩化和硅化作用。

虽然碳酸盐岩多数属浅海成因（潮上带至浅部潮下带），但石灰岩亦可在深水（深海岩层和浊积岩层）和湖泊中形成。称之为钙质砾岩或钙质层的结核灰岩可发育在土壤中，可能为层状和球粒状。

3.5.1 石灰岩成分

骨粒（生物碎屑/化石）是很多显生宇石灰岩的主要部分。骨粒出现的类型与沉积时的环境因素（如水温、深度、盐度）以及当时无脊椎动物的演化与差异有关。提供骨粒物质的主要生物大类有软体类（双壳类和腹足类）、腕足类、珊瑚、棘皮动物类（特别是海百合）、苔藓虫类、钙质藻类、层孔虫类及有孔虫类。次要或局部重要的大类为海绵类、甲壳类（尤其是介形虫类、藤壶类）、环节动物类（龙介虫类）和锥壳类（竹节石类）。碳酸盐骨架由不同的原始矿物组成，石灰岩中生物碎屑的保存也与这些原始矿物有关。原始的低镁方解石颗粒通常保存完好，如腕足类、双壳类（如扇贝、牡蛎、贻贝）和龙介虫类；而原始高镁方解石通常也可较好地保存下来,但会发生一些蚀变作用,如海百合类、苔藓虫类、钙质红藻、四射珊瑚等;原始文石生物碎屑通常很难被保存,如双壳类、腹足类、六射珊瑚和绿藻,它们可被完全地溶解,并以印模形式保存或组成粗方解石晶体。

在野外,应力求鉴定出石灰岩中碳酸盐骨架的主要类型。如以大化石出现,应有可能出现大类,而后在实验室进一步确定它们的类/种。碳酸盐骨架如保存良好或数量丰富,能提供古生态研究使用。骨架是否为原地生长可以作为一个核对的特征,如果是,需确定这些物质是否为石灰岩提供了一个骨架,或是否作为一个隔板来捕集或包裹、粘结沉积物。这些是礁相和建隆的典型特征。

鲕粒是球粒—次球粒颗粒,直径一般为0.2~0.5mm,也可达几毫米(图3.7)。直径大于2mm的称为豆粒,常为生物成因的似核形石。鲕粒由围绕着核心的同心层组成,核部通常为碳酸盐或石英颗粒(图3.7)。现代海相鲕粒大多由文石组成,而

图3.7 毫米级鲕粒的同心层结构(鲕粒灰岩) 侏罗系,英格兰东北部

中、古生代和侏罗—白垩纪的古代鲕粒一般最初由钙质组成,其他时期为文石(现今为钙质或鲕模)。

球粒是次球状—扁长颗粒(灰泥),一般长度小于1mm。球粒成因上由粪粒或经生物碎屑改造而成(图3.8)。

内碎屑是已沉积又经改造的碳酸盐沉积物。多为长达几厘米的

碎片，来自潮坪带灰泥的去湿干缩作用或准同生侵蚀作用，尤其是风暴作用。层内砾岩的形成就是基于此，又称竹叶状砾岩。在沉积时，几种碳酸盐颗粒被胶结在一起组成集合体。

图 3.8 球粒
粒径1~2cm，微生物成因，也称似核形石；似核形石的生物碎屑泥粒灰岩，白垩系，墨西哥

泥晶是很多生物碎屑灰岩的基质，又是细粒灰岩的主要成分。泥晶由直径大多小于$4\mu m$的碳酸盐颗粒组成。很多现代碳酸盐泥，即泥晶的前身都是生物成因，由碳酸盐骨骼（如钙藻类）分解而成，古代石灰岩中的泥晶，成因尚不明确，很难排除直接或间接的无机沉淀作用。

亮晶（亮晶方解石，有时为亮晶白云石，特别是在前寒武系碳酸盐岩中）是洁净的大小相同的方解石胶结物，有时为白色且较粗，沉淀于粒间孔和较大孔洞里（图3.9）。它可为近地表的淡水沉积，不过大多亮晶方解石为埋藏胶结。纤维状方解石也是一种胶结物，它们包裹颗粒、化石或者作为孔洞衬里（图3.9）。纤维状方解石一般为海相成因的，常存在于礁相、泥丘及层状晶洞构造中。

图 3.9 碳酸盐胶结物

黑色等厚纤维状的海相胶结物充填于同沉积时期的洞内壁,接着充填白色埋藏亮晶—粗晶胶结物,含有早期胶结物的碎屑,矿物成分为白云石,洞横断面长3cm,上寒武统,加利福尼亚,美国

3.5.2 石灰岩类型

描述石灰岩采用三种流行方案(表3.3),而Dunham的划分方案应用最广泛。按Folk方案,常见的石灰岩类型有生物亮晶灰岩、生物泥晶灰岩、鲕粒亮晶灰岩、球粒亮晶灰岩和球粒泥晶灰岩。Folk的生物灰岩是指碳酸盐生物原地生长形成的石灰岩(如礁),或通过微生物捕集、粘结沉积物而形成的叠层石。

表 3.3 典型的石灰岩分类

根据粒度		根据成分(按 Folk 方案)			根据结构(按 Dunham 方案)			
粒径	类型	主要成分	类型		结构特征			类型
			亮晶胶结物	泥晶基质				
<62μm	泥屑灰岩	鲕粒	鲕粒亮晶灰岩	鲕粒泥晶灰岩	无泥	颗粒支撑		粒状灰岩
								泥粒灰岩
62μm~2mm	砂屑灰岩	球粒	球粒亮晶灰岩	球粒泥晶灰岩	有碳酸盐泥	基质支撑	颗粒>10%	粒泥灰岩
							颗粒<10%	泥状灰岩

续表

根据粒度		根据成分（按 Folk 方案）			根据结构（按 Dunham 方案）	
粒径	类型	主要成分	类型		结构特征	类型
			亮晶胶结物	泥晶基质		
>2mm	砾屑灰岩	生物碎屑	生物亮晶灰岩	生物泥晶灰岩	沉积过程中有机质粘合起来	粘结灰岩
		内碎屑	内碎屑亮晶灰岩	内碎屑泥晶灰岩		
		原地生长：生物灰岩				
		细粒有孔灰岩：扰动泥晶灰岩				

注：Folk方案中，如有需要可加前缀，如生物—鲕粒亮晶灰岩。

在Dunham的分类中，常见的石灰岩类型有颗粒灰岩、泥粒灰岩、粒泥灰岩和泥状灰岩。Dunham的粘结灰岩相当于生物灰岩。其他一些术语已经被用来介绍礁相，如粘结灰岩的种类：骨架灰岩、障积岩及生物粘结灰岩（图3.10）。骨架灰岩就是指在有碳酸盐骨架的地方形成的石灰岩。稳固的分支珊瑚通常能够产生骨架灰岩。障积岩是指生物体作为隔板捕集沉积物而形成的石灰岩，具有很多细小的分支骨架，包括苔藓虫类或孤立的垂向生长的生物体，如厚壳蛤类（双壳类）以及某些珊瑚，可形成障积岩。板珊瑚、钙质藻席及微生物丛可形成生物粘结灰岩。

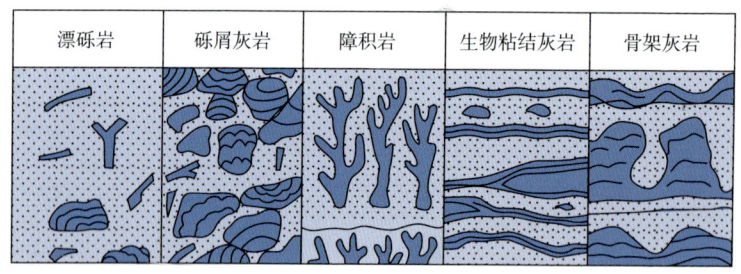

图 3.10 粗粒石灰岩（大多颗粒粒径 >2mm）、漂砾岩、砾屑灰岩以及其他三种粘结岩的概略图

对于粗粒含生物化石或生物碎屑的石灰岩，通常用砾屑灰岩

和漂砾岩（图3.10）来描述。砾屑灰岩为颗粒接触（生物碎屑粒径>2mm），浮石中的生物碎屑被细粒沉积物所支撑。最后一种礁灰岩主要是由海相胶结物所组成，称为胶结岩。

对于石灰岩中不同成分的百分含量可以通过图3.3来估算。

在野外，用放大镜来仔细观察石灰岩中的结果和成分，可确定石灰岩的种类。鉴别主要颗粒类型并不困难，不过，对于细粒石灰岩把基质和胶结物分开却不可能。

在野外，石灰岩的表面通常会遭受风化，尤其是苔藓的作用，以致岩石的特征很难看出。这时需要敲出一个岩石新鲜面，然后舔舐并用放大镜观察，便可清楚看出岩石的颗粒。

由于雨水和地下水的溶解作用影响，在石灰岩中经常会看到溶洞贯穿着溶蚀孔洞。洞穴沉积物（钟乳石和石笋）会出现在这些洞穴中，呈层纤维状的方解石（流石）常附着在石灰岩表面。不要错认为这些特征是现代才产生的，这些特征是在典型的潮湿/温暖环境下出现的（如古岩溶）。同样地，不要错认石灰岩角砾与钙质黏土（钙质砾岩/钙积层）是古代的产物，它们是近代生成的，一般在石灰岩发育区，尤其是半干旱区常见。

后面将讨论石灰岩的结构，谨记：在碳酸盐沉积物中，骨粒的大小、形状、磨圆度及分选程度与原始骨架的大小、形状和周围介质扰动及改造程度有关。虽然有的硅质碎屑岩的沉积构造也能在石灰岩中形成，但有些构造却只限于碳酸盐岩中才有。

就像在第2章中提到的，Dunham的分类方案可以直接用于石灰岩结构柱状图的绘制（见图2.3）。

3.5.3 礁灰岩

礁灰岩是碳酸盐物质广泛的原位聚集或堆积。礁灰岩有两个独有的特征：不成层的块状外观（图3.11和图3.12）和碳酸盐骨骼特别是群体生物占绝对优势，它们很多都堆积在生长位置上。有些骨骼可构造骨架，其上或其中生活有其他生物。常见孔洞构造被层内沉积物或胶结物充填；若胶结物为纤维状，这些胶结物很可能是海洋成因的（图3.9）。

图3.11 块状礁灰岩
悬崖高50m，由块状礁灰岩变至成层性较好的礁后—潟湖相石灰岩，记录了层内礁后相的石灰岩旋回，中白垩统，比利牛斯山，西班牙

礁灰岩有各种各样的形态，但常见的是斑礁和堡礁。斑礁是小而不连续的礁体（图3.12），平面上呈圆形—长条形；堡礁是大而长的礁体，其后有潟湖石灰岩伴生（向陆一侧），礁碎屑物则在向海的一侧（图3.11）。生物礁就是小规模的碳酸盐岩隆，生物层则是侧向扩展的岩隆，生物骨架对于两者都可有可无。和很多礁灰岩伴生的由礁源碎屑构成的礁层，可能为砾屑灰岩、漂砾岩、颗粒石灰岩/泥粒灰岩。特别是堡礁与较大的斑礁，常在礁前或周围形成礁屑裙，称为礁前或礁翼（图3.11）。部分礁体通常沉积在陡—缓坡，并且表现出一个原始沉积倾角（斜坡沉积）。

另一个属于碳酸盐岩隆的类型叫作泥丘（以前称为礁丘），由块状灰泥岩组成，常无明显的骨架生物。存在散杂骨屑，具孔洞构

图 3.12 由块状珊瑚群组成的小型斑礁
斑礁与其下的层状生物碎屑灰岩迥然不同，侏罗系，英格兰东北部

造（如层孔），含有海相沉积物和胶结物。有些泥丘具特别明显的倾斜面，富集海百合的碎屑。泥丘是典型的深水岩层产物，大多都是古生界的，具微生物成因。

所有碳酸盐岩隆具明显的块状特征，与相邻或上覆的成层性较好的石灰岩形成鲜明对比。很多礁灰岩的构造多变，如图3.10所示，这些术语可以应用于不同地区的同一礁灰岩。另外，描述术语与观察的规模程度相关；一个生物礁可能是由含有小型的粘结岩和水泥岩碎片并在原地生长的漂砾岩构成的，伴有颗粒灰岩—粒泥灰岩。

很多碳酸盐岩隆都是生物体间复杂相互作用的结果，因此可以说生物是造成岩隆的原因（如珊瑚、苔藓虫、层孔虫和厚壳蛤双壳类等）。对于骨架包壳和粘结，生物起着辅助但仍属重要的作用（如钙质藻类、龙介虫等）。生物还直接以礁体作为环境屏障或食物来源（如腕足动物、腹足类、海胆类等）。也存在一些礁灰岩受生物侵蚀的证据，骨架上可能会有一些由双壳类、龙介虫和海绵钻留下的孔。

很多珊瑚礁从岩隆向上具有清晰的生物组织。生物礁通常开始生长在生物碎屑浅滩上——骨屑丘（粒状灰岩—砾状灰岩），其上生长有薄层状和类似板状的群体生物（生成粘结障积岩的稳定阶段）。这导致生物礁（定植期）和动物群的粘结灰岩格架多种多样（多样期）。在珊瑚礁上的生物通常显示出不同的生长方式，反映能量/水深环境及沉积速率（图3.13）。

生长方式		环　　境	
		波浪能量	沉积速率
	细小分支	低	高
	薄细片状	低	低
	柱状	中	高
	穹状	中—高	低
	粗壮分支	中—高	中
	扁平状	中	低
	包壳	非常高	低

图3.13 群体生物生长方式反映当地环境
（如珊瑚、层孔虫、双壳类以及钙藻类）

核对礁体中的生物化石群；绘制草图并观察礁体是否有任何变化。

3.5.4 白云岩

大多白云岩（特别是显生宇的）都是由石灰岩交代而成。白云石化在半干旱地区的潮间—潮上带，于沉积后不久即准同生阶段发生，也能发生在更晚的浅埋藏成岩阶段或深埋藏成岩阶段。设法确定白云岩的类型，对于相分析有重要意义。

早期潮坪白云岩颗粒一般很细并伴有潮上带标志性构造，如干裂、蒸发岩和假晶、藻纹层和窗孔构造。此类细粒白云岩通常都会很好地保留原始沉积构造。

晚成岩阶段白云石化作用，可从局部交代岩石某些颗粒，或仅交代灰泥基质而不交代颗粒，或仅交代脉石，甚至能影响整个岩层或某一特殊相带。在某些情况下，只有最初的文石和高镁方解石（生物碎屑/鲕粒）发生白云石化，而原始钙质（低镁）化石（腕足类、牡蛎类）不受影响。菱形白云石能够从石灰岩中分散，并在表面风化形成斑点。菱形白云石在缝合线处富集。有些白云岩孔隙发育并具有较大的（厘米级）不规则洞。白云岩能以白云石脉的形式出现并切割石灰岩，或者在晶洞中出现。另外一些矿物也可在晶洞中生成，如方解石、萤石以及方铅矿。

埋藏成因的白云石通常在脉中或晶洞中出现，为异形状或马鞍状（也称铁白云石），这类白云石具弯曲晶面，可能伴有阶步、解理，因含少量的铁而呈粉红色。

很多石灰岩都经受过白云石化作用，常使得沉积物中原始的构造遭受破坏，因此，白云岩中的化石很少见，沉积构造也很难确定。对于白云岩，其白云石化作用与构造相关。例如，在断层附近（热液沿着断层向上运移）或主节理处可能出现白云岩。白云石化作用仅发生在某一相带特定的层面中，或与之相关的地方，如不整合面的下方。

有些前寒武系的白云岩很少具交代痕迹，可能是原生白云岩或至少是同沉积成因的，其上能看到石灰岩所有特征，而叠层石极其常见。

依据白云石化的程度，可将碳酸盐岩分成四类：石灰岩（白云石含量<10%）、白云质灰岩（白云石含量10%~50%）、钙质白云岩（白云石含量50%~90%）和白云岩（白云石含量>90%）。

3.5.5 交代型石灰岩

交代型石灰岩是交代白云岩而形成的石灰岩。这种交代多数在近地表进行，且在某些情况下受风化作用影响。然而，这种交代作用也能伴随着白云岩夹有的蒸发岩溶解而发生。例如，在白云岩内，方解石具有特殊的生长方式，可呈巨大的放射—纤维状方解石结核（"炮弹"）。

3.6 蒸发岩

大多数石膏在露头上呈较好的细晶，多以白色—粉红色结核体产于泥质岩中（多为红色），或以紧密堆积的结核聚积体产出（结核间有薄层沉积物），形成鸡笼网状结构（图3.14）。不规则且扭曲

图 3.14 红色泥灰岩中（湖泊相）与纤维状石膏脉相关的石膏结核
石膏结核截面长15cm，三叠系，威尔士

的石膏层可形成所谓的肠状构造。结核状和肠状构造是石膏—硬石膏在萨布哈（潮上带）环境下形成的典型构造，或在与河流和风成沉积有关的干盐湖大陆萨布哈环境下，与其他一些潮缘沉积物呈互层状（如微生物复理石/叠层石、网格状灰质泥岩/扰动泥晶灰岩）。

层状石膏可能由较大（最大至米级甚至更大）的双晶组成，一般情况都是垂直分布的（图3.15），此类石膏是浅水成因的典型代表。

图 3.15 具大双晶的层状石膏
高15cm，湖泊相，中新统，西班牙中部

石膏可被波浪和风暴作用改造成石膏砂岩，并带有海流构造，也能经过再沉积作用形成浊积岩并且向下滑塌。与有机质或方解石呈交互纹层的石膏则是深水成因的典型代表。

在泥岩中经常见到与石膏沉积相关的纤维状石膏脉（图3.14）。多数暴露在地表的古老石膏其实是硬石膏或原始石膏经过交代作用形成的次生石膏（雪花石膏）。它们是由厘米级的晶体组成的，在雏菊石膏类中可能呈放射状。

在起初含有黄铁矿的泥岩中,能见到石膏的特征晶体,长几厘米且无色透明。黄铁矿在近地表的条件下会因风化作用而发生氧化。

蒸发岩通常会被溶解掉形成多孔岩石。这些孔可被其他矿物充填,造成蒸发岩的假晶或假结核现象。野外可见蒸发岩假晶,但需要通过薄片确认。石盐假晶容易鉴定,因为它为立方体形和漏斗状晶形(图3.16)。菱形、透镜状及燕尾状石膏晶体是很独特的(图3.17)。硬石膏与石膏结核能被多种矿物,如方解石、石英尤其是白云石交代,且结核表面呈典型的菜花状(图3.18)。晶洞内可形成晶体(方解石,特别是石英),晶体沿结核由外向内生长,但未全充填(图3.18)。

图 3.16 石盐假晶
晶体最大至1cm,呈立方体形和漏斗形,红色盐湖泥岩,下寒武统,中国中部

图 3.17 浅灰色细粒透镜状白云岩
石英假晶(形成于石膏之后)直径可达10mm,潮坪相,前寒武系,苏格兰西北部

图 3.18 交代硬石膏结核而成的石英晶洞
直径5cm,潮坪相,古近—新近系,伊朗

蒸发岩被溶蚀后,上覆岩层常发生坍塌(图3.19)。如果在断裂层和角砾层细心观察,可以发现过去存在蒸发岩的迹象。滑塌角砾

图 3.19 坍塌角砾岩
由下伏蒸发岩溶解形成,现今表现为残留了几厘米厚的黏土,
等同于地下100m厚的石膏;残渣和坍塌角砾岩堆积在下面成层性特别好
的白云岩上,白云岩形成3m高的峭壁;上二叠统,英格兰东北部

岩是有棱角的碎屑，杂乱无序排列并且很少有基质。残留的蒸发岩中通常含一些黏土质、砂质沉积物，伴有分散的碎屑物。交代型石灰岩常与蒸发岩溶解有关。

在构造变形特别严重的地区，蒸发岩层通常为水平展布，伴随主要和次要应力的发育。在这种情况下，发育一种称之为白云灰质多孔角砾岩的特殊类型的岩石。它一般具有由蒸发岩和其他碎屑溶蚀形成的窗格构造，为浅黄色/奶油色。法语所说的多孔碳酸盐岩常用来区别构造—沉积岩。

3.7 铁质岩

有多种沉积岩属于铁质岩，铁质岩中出现的矿物也有多种（表3.4），其相对密度比石灰岩和砂岩大。

表 3.4 含铁沉积岩的主要类型

类 型		特 点
富铁的化学沉积岩	燧石质含铁层	包括赤铁矿、磁铁矿、菱铁矿，常呈薄纹层状并与燧石互层，但也有其他情况；大多为前寒武系
	铁质岩	结构类似于鲕粒灰岩，铁矿物包括鲕绿泥石、铁铝蛇纹石、针铁矿、磁铁矿；多为显生宇
富铁泥岩	含黄铁矿的泥岩	黄铁矿结核及纹层常出现在黑色或者含沥青的泥页岩中，海相
	含菱铁矿的泥岩	大多结核出现于富含有机质的泥岩中，常为非海相
其他富铁沉积物	富含铁—锰氧化物的沉积物和结核	在海相环境中，通常和枕状熔岩、热液活动或者深海石灰岩伴生
	富铁泥土	通常发育在不整合面处，熔岩中也能见到
	沼铁矿	在岩石中保存得很少
	砂矿	尤其是含磁铁矿和钛铁矿的沉积物

前寒武系条带状含铁层位通常为厚度大、侧向扩展的矿床，其

特点是具有细密的燧石—铁矿物条带（图3.20）。显生宇铁质岩大多厚度小，范围有限，交错过渡为正常海相沉积岩。有很多铁质岩呈鲕状，鲕粒可由赤铁矿（红色）、鲕绿泥石（绿色）、针铁矿（褐色）及少量磁铁矿（黑色）组成。其他铁质岩，常见的有赤铁石灰岩、磁绿泥石—鲕绿泥石泥岩、菱铁矿质泥岩、黄铁矿质泥岩等。在赤铁石灰岩中，赤铁矿浸染交代碳酸盐颗粒。所有这些种类的铁矿石都能在野外识别，但需在实验室进一步论证。

图 3.20 条带状含铁建造
赤铁矿和燧石互层，野外视域长20cm，古元古界，澳大利亚西部

对于铁质岩，要关注其沉积环境及条件，所以富铁地层及邻近地层中所含的生物化石值得研究。确定这些化石是否反映正常的海洋或低盐（半盐湖）条件。很多铁质岩形成于饥饿沉积环境，换言之，与深水沉积相关。通过对铁质岩上下沉积相的研究，确定铁质岩是否在层序内水体最深的位置聚集。另外，像研究其他岩石一样，要观察铁质岩的结构和沉积构造。

不同类型的铁质岩由不同的铁矿物（尤其是磁铁矿）颗粒通过波浪和潮流富集成纹层或岩层。这些砂矿床出现在砂岩、砾岩中，特别是河流相与滨岸沉积环境。铁质岩容易通过薄层、分选良好的特征来识别。

在泥岩及其他岩石中，菱铁矿与黄铁矿常形成早期的成岩结核。菱铁矿发育在半咸水的泥岩中，而黄铁矿则出现在正常海水的泥岩中。菱铁矿结核表面受风化作用呈褐色，内部为青灰色。它们在煤系地层中常见，尤其是古土壤中。

铁和其他金属富集在与枕状熔岩共生的沉积物中，通常为红色和褐色的细粒泥岩。锰铁矿结核、生物碎屑以及碳酸盐岩屑在深海石灰岩和泥质岩中产出，但很少见。它们一般都形成在潮流比较强烈的海底。铁锰浸染的沉积物与碎屑可能附着在深海石灰岩的硬底表面。

富含铁的泥土（红土）广泛分布在热带地区，因其红色、深红色—褐色的特征易被识别。红土可为柔软、土质的，也可为坚硬的，可见豆状结构。它们也可能形成一个坚硬的表皮，就是所说的硬壳。这种硬壳在地质历史时期出现过，但是不常见。

3.8 燧石

燧石可分为层状和结核状两类（图3.21和图3.22）。

大部分层状燧石见于较深水岩系，相当于现代洋底的放射虫和硅藻软泥。这种层状燧石一般3～10cm厚，并且在层间夹有薄层（<1cm）泥页岩（图3.21）。在层状燧石的新鲜断面处（典型的为贝

图 3.21 呈页片状裂开的层状燧石
层厚50cm，盆地相，下石炭统，法国南部

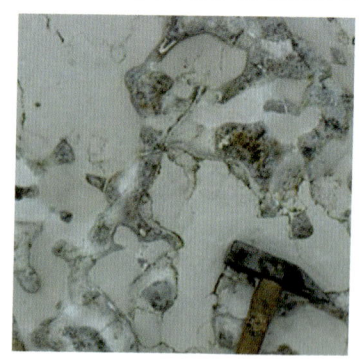

图 3.22 结核状燧石
注意燧石结核的展布特征，形成于甲壳动物潜穴中，远洋灰质泥岩，上石炭统，英格兰东北部

壳状），用放大镜可见放射虫呈微小的斑点（直径0.25~0.5mm），需要通过镜下薄片来验证其存在。很多层状燧石呈块状，但可见深水中再搬运和沉积作用形成的交错纹理和递变层理。观察层状燧石表面的这些风化特征。有些层状燧石和枕状熔岩伴生，是蛇绿岩套的一部分，另一些则产于与火山岩无关的岩系里。

结核状燧石常见于石灰岩中和某些别的岩石中，为成岩阶段交代产物。有时交代会围绕某个结核进行，这个结核可能是个化石（海胆、海绵等）；另有一些结核规则地产在特定的地层中。某些结核状燧石是交代蒸发岩形成的。火石是产于白垩系白垩岩中燧石结核的俗称。在很多情况下，火石都是在潜穴中析出（图3.22），通常充填物要比围岩粗。很多燧石结核的二氧化硅来自于海绵骨针或者含硅质浮游生物的溶解。

二氧化硅能够在泥土的表面形成一个坚硬的表壳，叫作硅质壳层。这种壳层主要形成干旱地区遭受风化的岩石表面。

3.9 磷酸盐沉积物

相对比较罕见的磷酸钙沉积物大部分是细粒的胶磷矿，呈脊椎动物骨骼碎屑、鱼鳞垢（两者表面可呈亮黑色）、磷酸盐化的化石、球粒、包粒及结核（常为暗黑色）（图3.23）。结核往往是粪粒体，但也可由碳酸盐泥、碳酸

图3.23 磷酸盐层
由磷酸盐结核和远洋灰质泥岩中磷酸盐化的化石织成，黑色斑点为海绿石的颗粒（实际为暗绿色），样本尺寸10cm，中白垩统凝缩段，法国，阿尔卑斯山

盐颗粒和硅质微体化石交代而成。

  磷酸盐的沉淀及沉积物与化石的磷酸盐化都是由于富营养化引起的，也可能和上升流以及低速率的沉积物输入有关。再搬运作用对于很多磷酸盐沉积物的形成具有重要意义，因此它们与潮流活动及侵蚀作用同时发生，可能和海平面的上升及海侵有关。如当较致密的磷酸盐颗粒/碎屑富集成层或呈透镜体时就是如此；骨屑层的形成也是如此。磷酸盐块和化石与硬底有关，硬底可能被磷酸盐浸染。硬底出现在白垩岩中，也可能出现在不整合面上部的浅水碳酸盐岩中。某些磷酸盐沉积物中可见绿色富含铁的海绿石。

3.10 富有机质沉积物

  泥煤、褐煤、硬煤和油页岩是主要的有机质沉积物。沥青和其他固态/半固态碳氢化合物极少出现在砂岩和石灰岩中，常沿断层和节理面分布。有机质沉积物分为腐殖类与腐泥类。前者主要在湿地、沼泽、泥塘中，由生物就地发育而成。后者主要由有机质悬浮搬运、沉积而成。在成因上，煤大多属于腐殖类，油页岩则属于腐泥类。

  煤的等级这一术语是指它的有机变质程度，有很多性质如碳和挥发组分含量，可用来确定等级，但这需要实验分析。

  泥煤通常含有较多水分与植物，在手标本上仍能识别。当然它具有可燃性。泥煤在现代可以在湖缘及海岸线附近的泥沼、沼泽、湿地中形成，泥沼又分为低位沼泽和高位沼泽。高位沼泽泥煤主要由苔藓植物组成，尤其是泥煤藓属，能够保留大多数来自雨水的水分，而不是地下水分（因此这个模式形成了泥煤沼泽或覆被泥煤）。虽然酸性的孔隙水可以淋滤下伏或邻近的沉积物和岩石，形成水合氧化铁沉淀物，但泥煤中通常仅含有少量矿物质或沉积物。低位沼泽泥煤是由多种植被形成的，包括苔草、芦苇和灌木丛，因此木质更多。它形成于浅水面附近；孔隙水为弱酸性，常伴有沉积物出现，大多数是黏土。

一些松软褐煤中植物仍然可以识别。对于硬质褐煤，当煤质较软、为暗褐色时才能见到很少植物碎屑。褐煤新采出时，水分很多，或呈土状，或很坚实。这些褐煤常见于古近—新近系或一些更老的地层中。沥青质硬煤色黑、质硬，具光亮层。破碎时，沿割理（显著的节理面）裂成立方体碎块，且染手。褐煤多发育于石炭—二叠系。无烟煤明亮，有光泽，具贝壳状断口。它一般发育在煤受变质作用影响区，或多构造变形和高热流区。

烛煤和藻煤是腐泥质沉积物，主要堆积在湖中，呈块状、细粒，无纹层，具贝壳状断口。烛煤可被刻画。

油页岩含有三分之一以上的无机物质，主要为黏土，也可能为碳酸盐。油页岩具有很好的成层性，用小刀可削成卷曲薄片，形似刨花。油页岩也能被点亮，大多为湖泊成因。

3.11 火山岩

这种类型的岩石因其沉积过程、蚀变作用复杂，研究起来较为困难，往往局限于野外露头的观察。火山岩是由岩浆的溢流式喷发和爆发式喷发形成的，溢流喷发产生熔岩流和熔岩丘，包含了相互连贯的原地破碎相；而爆发喷发则产生大量的火山碎屑沉积物。因此火山岩可以分为两类：粘结火山岩（如熔岩流）和火山碎屑岩。本节中，我们将主要介绍火山沉积岩的类型和关系（Jerram和Petford，2001）。

粘结火山岩是熔化的岩浆在溢流的过程中变冷固结而形成的，它们可能出现在地表或者近地表的地方，也可能在海底出现

(甚至冰川底部),并且表现出自形晶的斑状结构或者表现出隐晶质或玻质的特征,粘结火山岩中有气泡和流纹构造,都具备熔岩流特征且都和侵入作用有关。

火山碎屑岩由多种不同大小、不同形状和不同密度的碎屑组成,并且有多种结构和沉积构造。有四种主要的火山碎屑沉积物(图3.24):(1)溢流喷发形成的自生碎屑、熔岩碎片和岩浆碎屑;(2)火山喷发碎屑,爆发喷发形成的;(3)同喷发期的再沉积火山碎屑;(4)火山成因沉积(也称为表生碎屑相)。每种类型的特征和详细介绍如下。

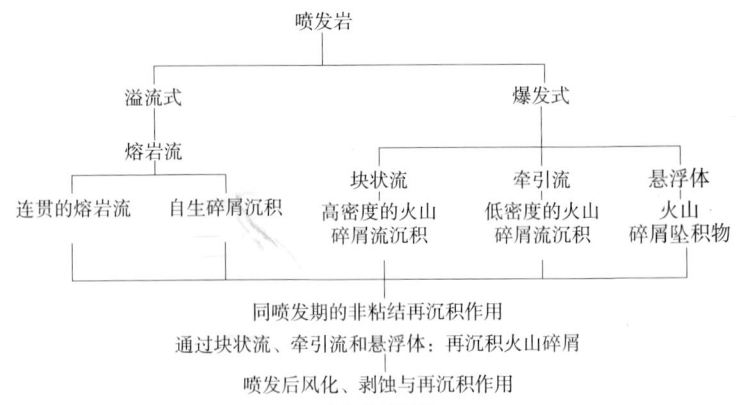

图 3.24 火山沉积物的成因分类(据 Mc Phie 等,1993)
玻质碎屑岩是一种常见的自生碎屑沉积,熔结凝灰岩是一种常见的火山碎屑流沉积

(1)爆发式喷发沉积物特征要素,即典型的火山碎屑沉积物(Mc Phie等,1993)。

①岩浆喷发和蒸汽岩浆喷发沉积物。

由斑晶、漂砾、火山渣碎屑以及其他少孔的岩浆源碎屑和岩屑组成。浮石和火山渣以及其他岩浆源碎屑具斑状结构或者为隐晶质的。基岩中含有大量晶体。岩屑碎屑含量有多有少。岩浆喷发沉积物：基岩中含大量泡壁玻屑；漂砾或火山渣碎屑具参差不齐的边界，透镜状或者块状；发育增生火山砾；熔结或未熔结。蒸汽岩浆喷发沉积物：含大量块状和片状玻屑；漂砾或火山渣与岩浆源碎屑呈典型块状，表面通常不平；发育增生火山砾；常未熔结；主要为火山灰和细粒火山砾。

②蒸汽喷发形成的沉积物。

由火山碎屑组成。热液通常会改造这些碎屑；常见增生火山砾，体积小（远小于$1km^3$），范围有限（源岩2km内）。主要为下落沉积和涌浪沉积，未熔结。

（2）同喷发期再沉积火山碎屑特征要素。

主要为结构上未改变的岩浆源碎屑。碎屑的种类和组成有限。沉积单元和序列单元成分统一或者向上发生系统的变化。岩层的形状揭示快速沉积（常见于块状流沉积）。

（3）火山成因沉积物（表生火山碎屑）特征要素，"正常"沉积过程沉积的。

由火山碎屑和非火山碎屑的混合物组成。火山碎屑具不同的组成成分和形状。火山碎屑呈圆形。按碎屑密度，分选中等—好。

更为复杂的是，火山碎屑岩的表面结构在熔岩和侵入岩中都可表现出，因此，它们与熔结凝灰岩和火山角砾岩具有相似的表面结构。在火山碎屑沉积物中，因玻质火山碎屑的凝结，类似于岩浆流，也会出现粘结岩的表面结构，所以就不再区分它们了。

3.11.1 火山碎屑

火山喷发碎屑一般是指火山在喷发过程中所产生的未固结的火山碎屑。火山喷发碎屑的组成：（1）火山碎屑，包括新形成的从不含气泡至高含气泡（如漂砾、火山渣）的熔岩碎屑，并具玻璃状的断口；（2）斑晶，主要是石英和长石斑晶；（3）岩屑，来自于早期的喷发熔岩（例如非岩浆源的）和围岩。这些火山碎屑沉积物的组分描述如下。

漂砾岩：浅色（若是现代的则相对密度低），多孔，酸性岩浆岩，毫米级—分米级，气泡中可能有方解石、沸石或者黏土矿物。

火山渣：相当于暗色的漂砾。

玻屑：很小的凝固玻质颗粒，一般小于毫米级别，气泡化与碎屑化成因。

玻璃基质：硬质碎屑周围见塑性变形结构，质硬、易碎，当沉积时柔软、炽热则会熔结。

火焰石：漂砾岩碎屑压缩而成，沉积时炽热、柔软，毫米级—厘米级。

增生火山砾：具有同心层的火山灰，粒径2~20mm。

岩屑：围岩碎屑和非岩浆源碎屑，沉积时为固体，抗变形，毫米级。

斑晶：岩浆岩中形成的晶体，毫米级。

火山碎屑沉积物一般是在高温侵入。能识别的特征包括：炭化的植物；因热氧化作用而成粉色或红色；因磁铁矿微晶分散良好呈黑色；放射状冷缩节理；气孔构造（包括喷气管状、较粗火山灰充填的几厘米宽的垂直裂缝）；粘结在一起的颗粒以及纹影扁平状漂砾岩碎屑。

根据粒度，火山碎屑分为火山灰、火山砾、火山块和火山弹（表3.5）。所谓的漂砾岩就是指色浅、孔多的流纹岩组分玻质岩。火山渣通常暗色多孔，一般为安山岩和玄武岩组分。漂砾岩相对密度小，能够浮在水上。这些熔岩碎屑孔后期可能会被方解石（亮晶）、沸石（白色）或者黏土（绿色）充填。

表 3.5 火山碎屑颗粒和沉积物按粒径分类

火山碎屑颗粒	粒	径	火山碎屑沉积物术语	
火山弹（流体喷发）火山块（固体喷发）	粗粒	>256mm	集块岩	
	细粒	64~256mm	火山角砾岩	
火山砾	粗粒	16~64mm	火山砾岩	
	中粒	4~16mm		
	细粒	2~4mm		
火山灰	极粗粒	1~2mm	凝灰岩	玻质凝灰岩岩屑凝灰岩结晶凝灰岩
	粗粒	0.5~1mm		
	中粒	0.06~0.5mm		
	细粒	<0.06mm		

增生火山砾是小的同心层球体，粒径2~20mm（类似鲕粒）的细粒火山灰，有些时候其中心为粗灰粒的结核（图3.25）。它们通常形成于湿的（蒸汽或蒸汽岩浆的）喷发柱中，且从富蒸汽地幔柱中坠落。

图 3.25 在火山砾—凝灰沉积物中的增生火山砾和火山灰
视域范围15cm，奥陶系，英格兰西北部

火山弹在火山碎屑层序中很常见，由较大、较圆、随机分布的熔岩"弹"构成，这些熔岩"弹"可能使地层下陷或击穿地层（火山弹坑）（图3.26）。如果火山弹落地的时候还比较软，可能变形成其他形状。主要基于形状、轴来区分包皮状火山弹及牛粪弹。

图 3.26 火山弹
下陷进下伏成层性较好的火山灰堆积地层中，直径1m，第四系，圣托里尼岛，希腊

3.11.2 火山喷发碎屑沉积物

爆发式火山作用产生的沉积物按沉积过程可分为三类（图3.23）。

3.11.2.1 火山碎屑坠积物

火山碎屑坠积物包括地面上和水下的火山碎屑。它们的特点是厚度与粒度随远离喷发地逐渐减少，一般分选好并具正粒序层理（图3.26）。火山碎屑坠积物分布广泛，并且可以作为地层对比的标志层。火山碎屑坠积物覆盖在位于丘陵和山谷之上的地层厚度大致连续的地貌处（图3.27）。

如果火山碎屑坠积物降落到水中或陆地上时，可被水流、波浪和风再次搬运。因此具有交错层理或平行纹层。若火山碎屑坠积物在沉积前浮起，更大的漂砾岩碎片可在顶部层位发育。严格来讲，若再沉积作用与喷发同期，火山碎屑坠积物是再沉积火山碎屑；若

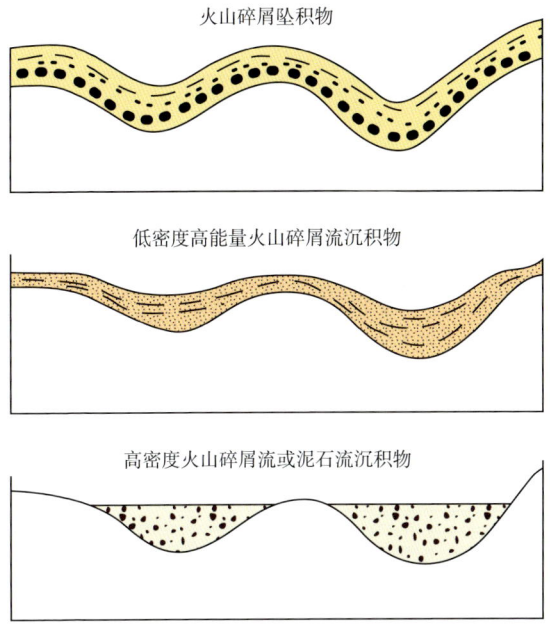

图 3.27 火山喷发碎屑沉积物的不同几何形态

在喷发之后发生再沉积作用,则为火山成因。

3.11.2.2 高密度火山碎屑流沉积物

高密度火山碎屑流沉积物是由火山碎屑和火山蒸汽、水蒸气或水等多种物质组成的一种密度流,它的运移速度可达100m/s。熔结凝灰岩是一种常见的火山碎屑流沉积物,由Plinian式火山喷发形成,主要形成于陆相环境,也可延续至海里或者湖里。

熔结凝灰岩的特点是外表均一,细粒火山灰几乎无分选,并且缺少内部分层(图3.28)。粗粒岩屑可具正粒序层理(粒径向上递减),而大的漂砾岩碎屑呈逆变粒序(粒径向上递增)(图3.28),或者在层的顶部富集。扁平又伸长的漂砾岩碎屑(称为火焰石)和玻屑表明在搬运过程中多孔且破裂的熔化物具塑性特征

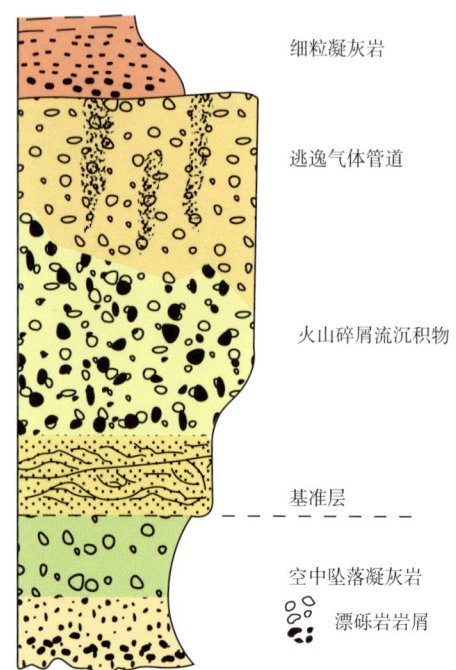

图 3.28 一个典型的完整火山碎屑沉积序列

厚度达几米至10m或更多;最初的火山灰堆积穿过火山碎屑流沉积物,首先,因高速率、低密度的沉积,具有沉积构造基准层;然后,因快速、高密度沉积穿过少构造的凝灰岩层,岩屑呈正粒序,漂砾岩碎屑呈逆变粒序;碎屑流沉积物被细粒空中坠落凝灰岩覆盖;喷气孔由逃逸气体形成,且被粗粒的火山灰充填,孔管道可能会通向碎屑流沉积物的顶部

(图3.29)。很多熔结凝灰岩其中下部可见熔结现象,和地层上下部相比,这里的火山灰粒熔结成致密的、孔隙减少的岩石。在定向排列的火焰石中发育条带斑状结构。在火焰石末端,完全是玻质的(玻斑状)。岩屑碎屑在沉积中抗形变,而热塑性的玻屑会在其周围发生形变。有些熔结凝灰岩有柱状节理,也能说明它们在沉积的时候仍炽热(图3.30)。熔结凝灰岩的典型厚度为1~10m甚至更厚,其流体受地貌控制,因此常充填在山谷和地形低处(图3.27)。

图 3.29 熔结凝灰岩

含火焰石、熔岩碎屑、小晶体(右上角),视域范围15cm,第四系,加利福尼亚,美国

图 3.30 具有柱状节理的熔结凝灰岩

顶部遭受侵蚀和风化,覆盖在火山灰堆积之上,仅见薄层,第四系,日本

3.11.2.3 低密度火山碎屑流沉积物

低密度火山碎屑流沉积物(文献中有时也称涌浪或底涌沉积物)来自于高度膨胀、湍流的、气—固两相、低颗粒浓度的密度流。其特点是单向沉积,发育有交错层理(图3.31)、缩胀构造及逆沙丘交错层理,这是因为底涌沉积是由快速流动的载灰蒸汽形成

的。单个纹层一般是比较好分类的。这些沉积物沿着地形分布，在地形低的地方沉积厚（图3.27）。在高密度火山碎屑流和低密度火山碎屑流之间有一个完整的分级，早期的沉积物可能会穿过后期的沉积物（图3.28；Jerram和Petford，2011）。

图3.31 火山碎屑流沉积
具有交错层理的基准层穿过了主要的熔结凝灰岩单元，
因流体的波动，具明显的岩屑和粗层理，圣托里尼岛，希腊

3.11.3 同喷发期再沉积火山碎屑和火山成因碎屑

任何火山碎屑在正常的沉积过程中都可被改造，比如风、波浪、潮汐及深、浅水的重力流，或者在地表、湖底或海底环境的重力流。火山碎屑沉积具有一套相系列，从原始火山碎屑沉积到完全经再改造和再沉积作用都有分布。其中两种特殊类型为火山泥流沉积物和玻质碎屑岩。

3.11.3.1 火山泥流沉积物

火山泥流沉积物形成一个连续统一体。在喷发时，含有炽热火山碎屑物的高温流体混合了水（如蒸汽或雪的融化），稍后，则被早先沉积的火山碎屑中的水冷却成低温流。火山泥流是一种主要含火山物质的泥流，在细粒灰色基岩中沉积典型的大块火山碎屑（图3.32）。其特点是含"漂浮"碎屑的基质支撑组构。火山泥流中通常含有大范围的岩块和砾石，它们很多都是岩屑碎屑而不是原生熔岩物质。与上述高温的火山碎屑沉积物相比，火山泥流缺少高温的指示证据。凭借其泥质基岩的优点，火山泥流沉积物相对于含火山灰的火山碎屑沉积物更容易固结。

图 3.32 火山泥流角砾岩
由细粒火山灰和漂浮的具棱角新生熔岩和"古"熔岩碎屑组成，视域范围30cm，第四系，冰岛

3.11.3.2 玻质碎屑岩

玻质碎屑岩是熔岩喷入水中，快速冷却引起碎裂形成的玻质碎屑。这种自生碎屑沉积物主要由直径几毫米至几厘米的熔岩碎片组成。这类冷却的玻质熔岩常被水合作用改造成黄绿色的物质，称作玄武玻璃。其靠近喷出地点，无分选，层理不发育，但可被再搬运和再沉积，显示像其他碎屑沉积物那样的沉积构造，然后变成再沉积火山碎屑与火山成因沉积物。玻质碎屑岩是海底基性火山活动的典型产物。

在熔岩侵入到潮湿的沉积物的地方，熔岩会角砾化且在内部相互混合，形成一种所谓的混积岩。

3.11.4 火山碎屑序列的研究

在野外观察火山碎屑序列的时候，最重要的就是要根据观察到的结构和构造来鉴别沉积的位置和过程，即区分火山碎屑相、自生碎屑、火山碎屑、喷发时期再沉积的火山碎屑以及火山成因的沉积物类型。也可以通过野外露头的特征来判断沉积背景,是地面上还是水下,是浅水还是深水。依据再改造作用、蚀变作用、变形与变质作用来识别和确认原始火山岩的结构。下文介绍了如何描述火山碎屑沉积物的特征。

(1)粒径:与描述泥岩、砂岩、砾岩或者角砾岩等碎屑岩一样。

(2)成分:晶体或者晶体碎屑、玻屑、增生火山砾、岩屑碎屑(火山的或非火山的、单矿碎屑岩/复矿碎屑岩)、火焰石、漂砾或者火山渣、胶结物。

(3)颗粒的熔结程度:熔合的富玻质的颗粒。

(4)岩相:块状或层状,和描述碎屑岩一样;递变层理,包括正粒序、逆粒序、无粒序;组构,包括碎屑支撑和基质支撑;节理,包括块状、棱柱状、圆柱状、板状。

(5)几何形态:顺地形或充填地形、平行的、透镜状的、锥形的、树叶状的等。

(6)蚀变:矿物学方面,如绿泥石化的、绢云母化的、硅质的、钙质的、赤铁矿的等;分布形态,包括遍布的、局部的、浸染的、结核状的、斑状的。

3.11.4.1 较年轻的火山碎屑序列的研究

年轻的火山碎屑序列一般来说比较好研究,因为从火山刚开始活动就注意它,并且在这些火山碎屑岩中会保留很多原始的特征,比如原地和局部地层的厚度变化,地层的形态和内部构造。若它们不被岩化,粒径的分布研究(如实验室筛选)可揭示沉积过程的重要信息。那么上述火山碎屑沉积物的不同类型就能够被鉴别出。火山碎屑沉积各部分的粒度的变化也可以像其他沉积物一样用图像记录,有必要去设计关于火山碎屑沉积的符号和图例,比如漂砾、熔岩碎屑、岩屑及增生火山砾。很可能有熔岩流夹层及其所有典型特征。不用说，在近火山活动的地区工作是很危险的。

3.11.4.2 古老火山碎屑沉积序列的研究

多数古老地层，沉积后会遭受侵蚀，并移除原来的火山堆积，或构造和变质作用使其原始的特征模糊或重结晶。类似别的沉积岩，在沉积过程被阐明前，需要用一种基本的岩性描述方法来记录这些沉积岩的特征：如粒径、成分、粘结程度、层厚、沉积构造、颜色等。

在古老火山碎屑沉积序列中，要特别注意区分熔岩角砾岩和集块岩，及流状条带状熔岩和熔结凝灰岩。熔岩流的典型特征为：（1）在核部有柱状节理（伴有熔结凝灰岩）；（2）块状构造；（3）部分基岩和顶部角砾状化；（4）气孔集中在流体的顶部；（5）顶面风化、氧化变红，多碎石。熔结凝灰岩通常没有基底角砾岩。

3.11.5 火山碎屑序列

记录火山碎屑序列向上的变化是有用的，制作图表，寻找火山碎屑沉积类型的长期变化。

（1）火山碎屑沉降物和流带状沉积物之比是否改变？序列层厚向上的变化是否能反映火山活动的强弱？

（2）火山物质的组成是否有一个长期的改变，如从超酸性到超基性（检验玻质碎屑的颜色变化、气泡化程度及斑晶组分）？

（3）是否有证据表明成分具有分带性或者在岩浆房内有分层现象？例如在单一流带状沉积物中斑晶含量的增加，在非火山岩夹层内此比例会向上增加或者减少。

在一些火山碎屑沉积序列中，具火山碎屑沉降物和流带状火山碎屑的沉积组合，类似其他沉积岩中的旋回。在一个典型的完整火山碎屑喷发过程中，先是空气中漂浮的火山灰沉积，然后上覆为低密度的火山碎屑流沉积，接着是高密度的火山碎屑流沉积，单元顶部为漂浮的空中坠落凝灰岩，整个序列厚度从几米到几十米不等（图3.28）。

第 4 章

沉积岩结构

4.1 引言

沉积岩的结构涉及粒度及其分布、颗粒形态及其表面特征和沉积物组构。本章同时也涉及成岩作用、风化作用和颜色等内容。

结构是沉积岩描述的一个重要方面,也常用在解释沉积机理和沉积环境方面。在沉积物的孔隙度和渗透率上,结构也有主要的控制意义。许多沉积岩的结构只能通过显微镜和薄片进行研究。对于砂和粉砂级的沉积物,除了估计粒度和说明颗粒的分选性及磨圆度外,在野外难以做更多的工作。对于砾岩和角砾岩,粒度、颗粒形状及排列方向可在野外准确测量;另外,砾石的表面特征以及岩石组构也易于研究。沉积岩结构的观察内容如下。

(1)粒度、分选性和粒序:所有岩性都要估测(图4.1、图4.2和图4.3)。对砾岩要测量最大碎屑粒度和层厚,检查两者相互关系。

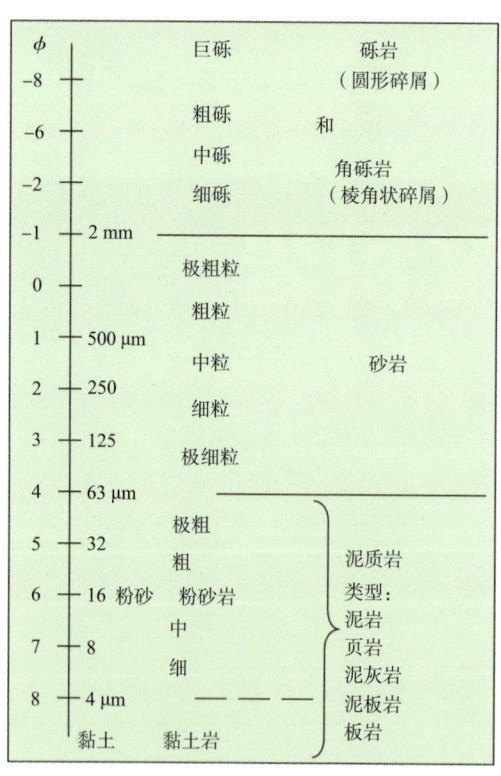

图 4.1 颗粒分级术语(据 J.A.Udden 和 C.K.Wentworth)和硅质碎屑岩类型

砂—粉砂—黏土混合物和砾—砂—泥混合物分类名称见图3.1

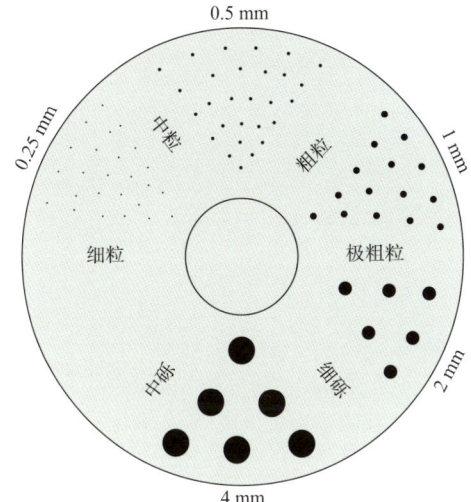

图 4.2 砂岩粒度示意图

中砂岩直径0.25~0.5mm,粗砂岩直径0.5~1mm;
拿一小块岩石或从岩石中心弄下的一些碎屑,在放大镜下比较估算其粒径大小

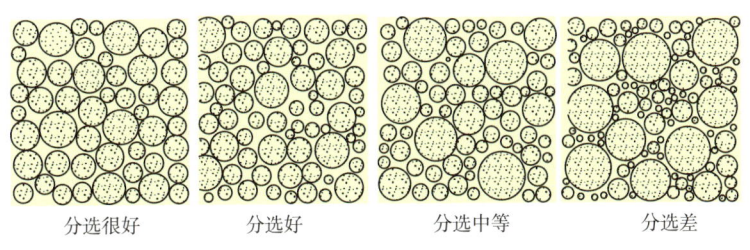

图 4.3 分选性的肉眼估测示意图

(2)颗粒组分形态:颗粒形状(图4.4和图4.5)(对于砾岩碎

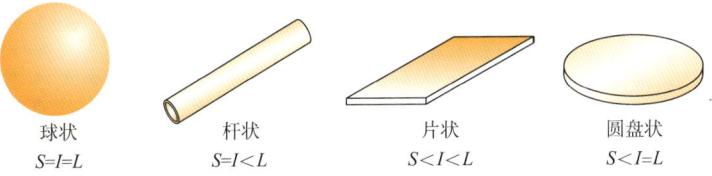

图 4.4 砾石常见的四种形状

S,I和L分别代表短轴、中轴和长轴的直径

屑有重要意义）；寻找砾石的刻蚀面及擦痕；观察颗粒磨圆度（图4.6）。

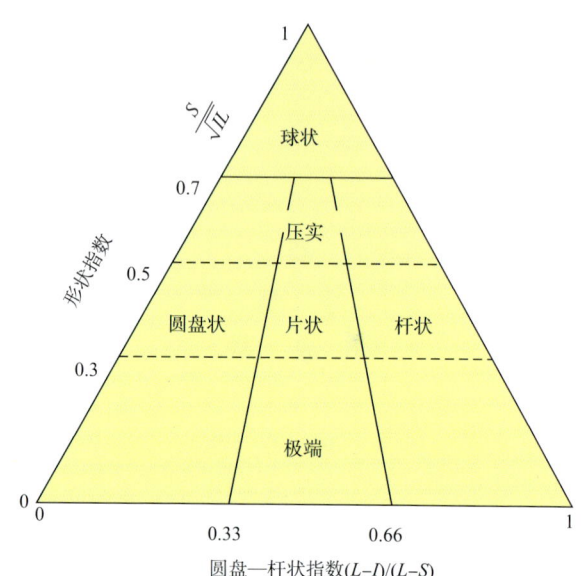

图 4.5 根据长轴（L）、中轴（I）和短轴（S）直径的比值对碎屑形状的四个分级

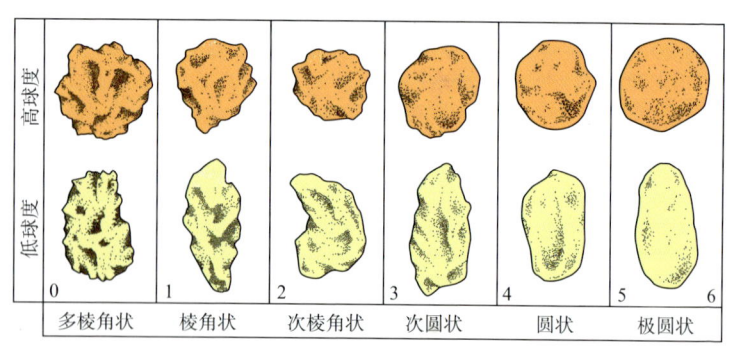

图 4.6 沉积物颗粒的磨圆度类型
各类均表示出颗粒的高球度和低球度

（3）组构：①观察砾岩的扁长碎屑的优势方位和所有岩石中所

含的化石（图4.7和图4.8），测量方位，绘制玫瑰花图；②观察碎屑或化石的叠瓦状排列（图4.7和图4.8）；③研究基质—颗粒的关系（特别是在砾岩和颗粒灰岩中），判断是基质支撑结构还是颗粒支撑结构（图4.9）；④研究砾石的应变（压实、破碎、垮塌、有凹痕）。

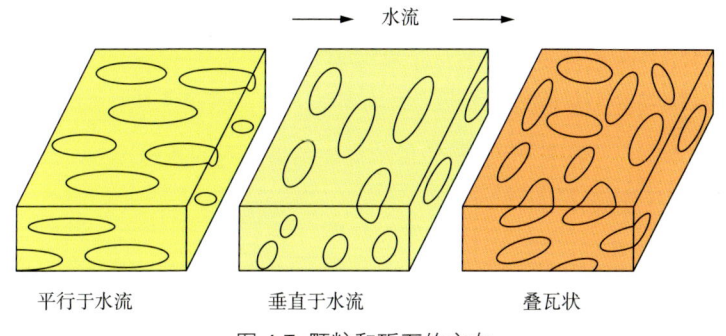

图4.7 颗粒和砾石的方向

图4.8 底部突变、砾石支撑结构且发育良好叠瓦状构造的砾岩
长条形的、扁平的碎屑向右下倾斜，表明水流向左，碎屑是泥岩碎片且位于层内，英格兰东北部，上石炭统，冲积扇相

4.2 沉积物粒度和分选性

Udden—Wentworth的粒度标尺（图4.1）已被极为广泛地认可和采用。为使工作精确，采用单位 ϕ，其为对数变换：$\phi = -\log_2 S$，S 是

以毫米表示的粒度。

对于由砂级颗粒组成的沉积物,用放大镜可以确定其主要粒级,通常定为极粗、粗、中、细和极细等粒级。如图4.2所示,为砂岩粒级对比。对于分选相对较好的沉积物,用牙咬一小块岩石,粉砂级物质与黏土级物质的区别是,前者牙咬时有沙感。

对于化学岩石如蒸发岩、重结晶石灰岩和白云岩,要估测的是结晶粒度而不是碎屑的粒度。结晶粒度的术语如表4.1所示。

表4.1 日常使用的描述结晶岩石的术语

术语	结晶粒度
极粗晶	>1.0mm
粗晶	0.5~1.0mm
中晶	0.25~0.5mm
细晶	0.125~0.25mm
极细晶	0.063~0.125mm
微晶	0.004~0.063mm
隐晶	<0.004mm

为使工作精细,尤其是对硅质碎屑沉积物,可利用各种实验室技术进行粒度分析,包括筛选区分弱胶结沉积岩和现代沉积物、薄片节点统计和沉降法。

在野外,只能粗估砂级沉积物的分选性。用放大镜观察,与图4.3进行对比。

沉积物的粒度可能沿地层向上变细或者变粗形成一个递变粒序。最常见的是正粒序,底部最粗,也可以反过来,顶部最粗。通常反粒序只出现在河床的底部,然后是正粒序。通常情况下河床没有任何分选性。复合粒度层表示河床内部包含有若干正粒序单元。

广义而言,硅质碎屑沉积物的粒度反映环境的水的能量:粗一些的颗粒是在快速水流中搬运和沉积的,泥岩则往往在静水中沉积。砂岩的分选程度反映沉积过程,随扰动作用和再搬运作用的加剧而提高。碳酸盐沉积物的粒度一般反映组成沉积物的生物骨骼和钙化坚硬部分的大小,它们受到或是可能受到水流的影响。分选作用这个术语可用于石灰岩,但应记住,有些石灰岩类型如鲕粒灰岩和团粒灰岩总是分选很好的,因此,分选作用这一术语不一定反映沉积环境。

4.3 颗粒形态

颗粒形态包括形状、球度和磨圆度三个方面。形状由长轴、中轴、短轴的不同比值确定;球度表示颗粒形状接近球形的程度;磨圆度是指颗粒棱角的比值。

颗粒形态有四种——球状、圆盘状、片状和杆状,是根据其长轴、中轴、短轴的比值划分的(图4.4和图4.5)。这些术语常用来描述砾岩和角砾岩碎屑的形态,在野外使用多半无困难。砾石的形态很大程度上反映了成分和一些较弱面,例如岩石中的层理、纹理、劈理或节理。组构均一的岩石如花岗岩、玄武岩和薄层的砂岩,会形成等轴的球形砾石;薄层状的岩石通常形成板状或圆盘状的碎屑;高度裂开或片状的岩石,例如板岩、片岩或片麻岩,通常形成片状或杆状的砾石。

球度和磨圆度可用公式计算。作为一种描述参数,磨圆度比球度更有意义,大多数场合,图4.6的简单术语已经足够。这个模式可以用于砂岩中的颗粒和砾岩中的砾石。通常情况下颗粒和砾石的磨圆度反映了搬运距离和改造作用的程度。

但磨圆度对于石灰岩则用处较小,因为有些颗粒如鲕粒和团粒起初就很圆。对于石灰岩中的骨粒,应检查是不是破碎的,或经磨蚀改造成现在形状。

4.4 沉积物组构

组构是指沉积物中颗粒的相互排列。包括颗粒的排列方式及其填充方式。组构是沉积过程中或埋藏后在构造作用过程中形成。

在沉积岩的很多类型中可看到颗粒的优选方位。这种情况可由砾岩或角砾岩的扁长砾石和石灰岩、泥质岩或砂岩中的化石表现出来;这些特征在野外均可看到。很多砂岩的扁长砂粒显示优选方位,但需在显微镜下观察验证。

颗粒的优选方位起因于颗粒同沉积介质(水、冰、风)的相互作用,它既可平行(较常见)也可垂直于流动方向(图4.7)。因此,测量砾石、化石或颗粒的方位能指示古水流方向。利用砾石明显的延伸性可很好地测量碎屑的优选方位,长宽比大于3:1的较好。优选方位也可因构造变形引起,因此在适度的构造变形区工作时,还需测量褶曲轴、劈理、线理。砾石可能被旋转至构造方向。研究砾石末端静压区和纤维矿物的形成。

板状和圆盘状砾石或化石常显示叠瓦状排列。在这种组构中,它们相互重叠(像一叠纸牌),倾向上游方向(图4.7、图4.8)。可作为推测古水流方向的有用构造。

细粒基质的数量及基质—颗粒关系影响沉积物的充填方式和组构,对解释沉积机理和沉积环境有重要意义。当沉积物颗粒相互接触时是颗粒支撑的,基质像胶结物那样存在于颗粒之间(图4.8、图4.9和图4.10);当沉积物颗粒彼此不接触时是基质支撑的(图4.9和图4.11)。粗沉积物中大颗粒碎屑间的基质,可能分选好或不好。总的来说沉积物在粒度方面可以是双峰分布也可为多峰分布(图4.9)。

对于砂岩和石灰岩,颗粒支撑结构通常表示水流/风/浪的再搬运作用。当悬浮物(泥)与较粗的底砂分离时,颗粒支撑结构表示浊流沉积。具有基质支撑结构的石灰岩,例如粒泥灰岩(表3.3),大多反映静水体沉积作用。粒状灰岩和漂浮砾岩分别属于具有颗粒支撑和基质支撑结构的粗粒石灰岩(图3.10、图4.9)

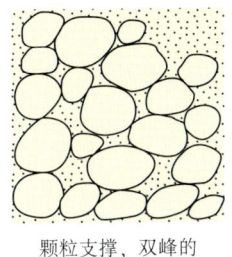 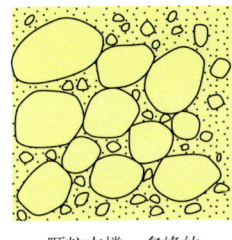 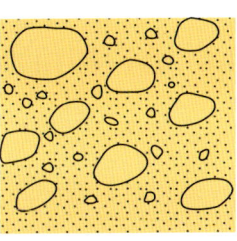

颗粒支撑,双峰的基质分选好 　　颗粒支撑,多峰的基质分选差 　　基质支撑,多峰的分选差

图 4.9 颗粒组构和分选性
基质分选好及不好时的颗粒支撑结构、基质支撑结构

图 4.10 具有砾石支撑结构的复成分砾岩
出现在大块砂岩之上,被含散乱砾石的砂岩和其他薄层砾岩覆盖,厚度2m,辫状河冲积扇相,澳大利亚西部,泥盆系

图 4.11 具有基质支撑结构和次棱角—次圆状砾石的砾岩
苏格兰前寒武系晚期冰碛岩(古代冰川沉积)

4.5 结构成熟度

砂岩中,分选度、磨圆度和基质含量都影响沉积物的结构成熟度。结构不成熟的砂岩分选差,颗粒有棱角,含一定基质;而结构上高成熟度的砂岩分选好,颗粒磨圆度好,无杂基。结构成熟度一般随再搬运次数的增多和搬运距离的增加而提高;如风成砂岩和滨岸砂岩是典型的成熟—高成熟的岩石,而河流砂岩成熟度相对低。

结构成熟度通常与成分成熟度协调一致。应当记住，成岩作用会改变沉积结构。在野外，砂岩的结构成熟度用放大镜仔细观察能估计出。

4.6 砾岩和角砾岩结构

在野外，测量这些粗粒沉积岩石的粒度没有困难，用直尺或皮尺都可以。对于砾岩和角砾岩，应测量最大碎屑的尺寸。有好几种方法可以完成，其中一种是在一个0.5m×0.5m的正方形区域内取10个最大碎屑的平均值。在砾岩层处估算出现频率最高的碎屑尺寸是非常有用的。测量20～30个砾石的长轴长度，绘制一个直方图然后选出主要的砾石尺寸。许多砾岩的最大碎屑尺寸大多反映水流的能力。

测量砾岩层的厚度也非常有用。它可能在一个层序内部有规律地变化，向上增厚或者变薄，反映物源区域的进积或退积。在某些搬运和沉积过程中（例如泥石流和洪水），最大砾石的尺寸和厚度之间有相关性。不过，辫状河砾岩没有这种关系。

砾石尺寸和层厚最大，通常说明搬运路程短。从广阔区域或从厚的垂直岩系测量砾岩最大的砾石尺寸和层厚可揭示因沉积环境或者沉积供给量和类型的变化而引起的沉积体系的变化，或可涉及气候或大地构造方面更重要的变化。

描述粗沉积物的粒度分布，可用图4.3中所介绍的分类性术语，但在很多情况下，这些术语并不适宜，因为分布不是单峰态的。如果考虑砾石间的基质，很多砾岩的粒度分布是双峰或多峰的（图4.9）。观察一整个砾岩层的粒度变化也很重要。一个层内砾石的正粒序是常见的，但也可出现逆粒序，特别是在底部。在一些砾岩中，例如是由碎屑流沉积的，大的碎屑常出现在层顶；这是由浮力搬运上去的。

砾石形状和磨圆度，可以参考图4.4和图4.6描述。在广阔区域内或者一个薄的层序内部，砾石的磨圆度可能会有显著的变化。这可能与搬运距离有关。至于形状，有些沙漠和冰川环境的砾石的表面平展，刻蚀面是由风的磨蚀作用（这类砾石叫风棱石或三棱石）或冰川侵蚀作用引起的。冰川沉积物中，砾石最典型的特征是擦痕（图4.12），虽然它们不总出现。

图 4.12 砾石
直径12cm，具有冰川混积岩造成的擦痕，澳大利亚西部，三叠系

在埋藏和构造应变的过程中砾石的形态可能被改造。泥岩颗粒，尤其是位于层内的，在压实作用过程中可能发生褶皱、弯曲、变形，甚至碎裂。在上覆地层过重的地方颗粒之间会因溶蚀作用呈现缝合接触（缝合线），或砾石之间相互挤压形成凹坑。在更强烈的变形和变质过程中，砾石可能会被压扁或拉伸展开。

应注意砾岩组构，特别是测量清楚长形碎屑的优选方位（可能的话测量几十个或者更多的长轴方位），寻找长形碎屑的叠瓦状构造（长轴方向平行水流，向上游倾斜，图4.7和图4.8）。露头如果好，可测出长轴对层面倾角，以便确定叠瓦状构造的倾角。在河流和其他砾岩中，砾石因滚动出现垂直流向排列，如砾石滑动则形成平行流向排列。在冰川沉积中，碎屑主要平行冰川运动方向排列。受冰川边缘环境冻结和融化影响的冰川混积岩则可能包含裂开的巨砾。

石灰岩中的一些角砾岩是原地角砾化形成的。而岩溶角砾岩、角砾化的硬底和帐篷构造、角砾化的土壤（钙结层）和坍塌角砾岩则是通过层内蒸发岩的溶蚀作用形成（见图3.19）。

砾石—基质关系应予观察。砾石支撑（图4.8、图4.9和图4.10）是河流和海滩砾石的典型组构；杂基支撑（图4.9）则是碎屑流沉积物的典型组构，可出现在地表（如冲积扇区域或火山地区；见图3.32）或海底（如斜坡冲积裙/冲积扇）。直接在冰川中沉积下来的冰川沉积物、冰碛物或冰碛岩也通常是基质支撑（图4.11），碎屑流沉积通常与之伴生（混积岩/冰碛岩和火成混合角砾岩的沉积模式同样适用于与冰川相关的泥质砾岩/碎屑岩）。

4.7 固结作用及风化程度

沉积岩的固结程度及硬度不能轻易确定，它取决于岩性、胶结程度、埋藏史和地层年龄等因素。固结作用是个重要概念，因为它影响了岩石的风化程度、地形、环境和植被。固结良好的岩石在出露地表后可能因风化而变得非常松散。例如砂岩中的方解石胶结物，在地表很容易被分解，同样还有长石颗粒和钙质化石。一些地表出露的砂岩因为脱钙而变得易碎，布满孔洞。相反，如石灰岩，在暴露于地表时却变得更加坚硬（"表面硬化"）。可以用一个定性的图表来描述固结程度（表4.2）。

表 4.2 沉积岩石的固结程度

固结程度	特　征
未固结的	松散，无胶结物

续表

固结程度	特 征
非常易碎的	用手指能轻易弄碎
易碎的	用手指研磨会形成很多小颗粒，用锤子轻轻敲打可轻易破坏
硬的	用小刀可以将颗粒从样品上分离
很硬的	用小刀很难将颗粒从样品上分离，很难用锤子破碎
极其硬的	用锤子猛烈敲击，样品穿过颗粒破裂

4.7.1 出露岩层和露头

沉积岩出露地表的方式可提供岩性方面的有效信息，尤其是沉积序列在纵向上的变化特征。泥岩往往没有砂岩和石灰岩出露得那么好，因为它的固结作用通常不够好且土壤在其之上更容易发育。因此在陡坡和山腰出露的岩层中，砂岩和石灰岩相对来说更突出，而泥岩则被植被风化或覆盖。砂岩和石灰岩比泥岩更容易形成陡坡。在砂岩和石灰岩中更常见到垂直层面的节理和断裂，而使水平岩层错断形成陡崖。这种对于风化作用不同的响应特征可揭示出沉积序列内部的旋回以及层序内沉积物向上变细或者变粗的现象。

仔细观察断崖或山坡，即使露头很少，斜坡剖面和植被分布都可能给出岩性的特征、向上变化的趋势及变化等方面的重要线索。

4.7.2 沉积物和岩石的风化和改造作用

沉积物和岩石的风化程度是需要描述的重要部分，它能够提供关于现在和过去的气候条件、暴露时间、蚀变程度和用于工程的强度损失的有用信息（英国标准协会，1981）。所有暴露于地表环境的沉积物和岩石都会有不同程度的风化，甚至在最后，A区和B区的土壤可能发育植被，而土壤下的岩石风化区是C区。风化会引起岩石的变色、分解及碎裂。

风化现象可在现代露头中找到,也可以在不整合以下的岩石记录中找到。风化层上的土壤层可能会被之后的侵蚀作用搬运走而无保留。现在露头处所见的风化特征和土壤可能并不是现代形成的,而是过去不同气候的作用结果残余的。

沉积物和岩石的风化作用同时有机械作用和化学风化作用两个过程,而气候是控制两种风化作用程度的主要因素。机械风化(温度变化、湿—干)在宏观和微观上都会引起裂缝的张开、间断和新裂缝的产生。化学风化会引起岩石褪色、颗粒蚀变(从硅酸盐至黏土)、颗粒的溶解——特别是碳酸盐(化石和钙质胶结),甚至岩石自身形成壶洞、溶洞及岩溶地貌。石灰岩的溶解会形成残留的风化壳——石英砂岩或泥岩,例如钙红土。表4.3及图4.13展示了适用于当地情况的风化等级。所有的风化级别可以出现在同一个剖面上,或者一个剖面只显示因侵蚀作用形成的低水平的风化。图4.14展示了一个发育良好的风化剖面。

表 4.3 沉积物和岩石的风化程度

术语	描 述	级别
新鲜	岩石无肉眼可见的风化标志;可能在主要不整合面存在轻微的变色	I
轻微风化	岩石矿物和不整合面的变色指示了风化作用;所有岩石都有可能因风化作用而变色	II
中度风化	少于一半的岩石矿物分解或溶解到土壤中;新鲜或变色的岩石以一个连续的结构或者以核岩的形式存在	III
高度风化	一半以上的岩石矿物分解或溶解到土壤中;新鲜或变色的岩石以一个不连续的结构或者以核岩的形式存在	IV
完全风化	所有岩石矿物分解或溶解到土壤中,原始构造完整	V
残积土	所有岩石矿物都转化到土壤中;岩石构造和物质组构完全破坏;体积可能会有较大变化,但土壤无明显转移	VI

4.8 沉积岩的颜色

颜色能提供岩性、沉积环境和成岩作用的有用资料。虽然每个人对颜色的主观印象截然不同,但在很多情况下,对其进行简单的估测就足够了。为使工作精细,可采用颜色图表;有一些被广泛应用的颜色图表,包括来自美国地质协会的基于Munsell颜色分类法的图表。

很明显,最好观察岩石新鲜面上的颜色,但如颜色不一,还要注意风化面的颜色,它能指示岩石的成分,如铁的含量。

许多沉积岩的颜色取决于两个因素:铁的氧化态和有机质含量。铁以三价离子(Fe^{3+})和二价离子(Fe^{2+})两种氧化状态存在。有三价铁的岩石常含赤铁矿,即使不到1%的微少含量也足以使岩石显红色。赤铁矿的形成需要氧化条件,其往往存在于半干旱和陆地环境的沉积物中。这些环境(沙漠、干盐湖、河流)中的砂岩和泥质岩由于赤铁矿的颜色常变成红色(发生在早期成岩作用),称为"红层"(见图3.4b)。也有很多红色海相沉积物为人所知,例如深海石灰岩。

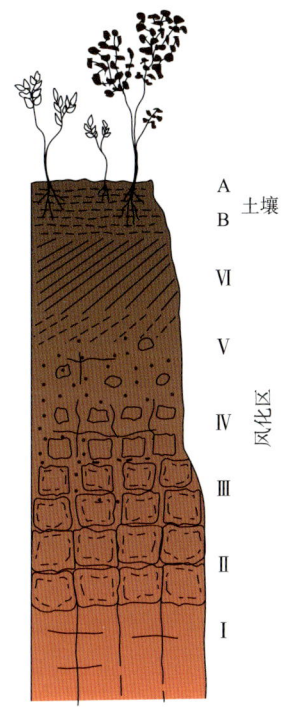

图4.13 土壤之下的基岩风化区

岩石中有水合氧化铁、针铁矿或褐铁矿时,颜色呈黄—褐色或浅黄色。在许多情况下,黄—褐色是由于近期的风化作用和二价铁的水合氧化作用形成,例如黄铁矿、菱铁矿、铁方解石和铁白云石。

沉积物中还原环境占优势时,铁以二价铁形式存在,在黏土矿

图 4.14 澳大利亚北部地区红色钙质泥岩的风化纵剖面

物中使岩石呈现绿色。绿色可由原来红色沉积物还原而成，反之亦然。对于红色和绿色沉积物，要注意是否其中一种颜色（通常是绿色）局限于较粗层位或集中沿节理和断层面发育；这可指示后期地层在通过渗透性较好的地层或输导层的还原水的作用。

沉积物中的有机质为灰色，随着有机质含量增加颜色变黑。富有机质沉积物一般形成于缺氧环境。细粒浸染的黄铁矿也显示暗色。由土壤层的反复作用或森林火灾形成的黑色砾石通常与不整合和暴露面有关。

其他颜色如橄榄色和黄色可由几种成分混合而成。另有一些矿物有一个基本色，若大量出现则可使岩石呈现出更深的颜色。例如海绿石和磁绿泥石—鲕绿泥石可以形成绿色沉积物；硬石膏则可能是淡蓝色，即便露头处不常见。

某些沉积岩可能是杂色的，在灰色、绿色、棕色、黄色、粉色或红色间细微地变化，尤其是泥岩、泥灰岩和细粒的石灰岩。这可能是由于生物扰动或者生物钻孔及非生物扰动沉积物（虫迹斑点）的差异着色作用，形成遗迹组构或者也可能是因为土壤化作用：水流过土壤引起铁的氢氧化物和/或碳酸盐的不均匀分布，以及根和根足扰动。大理岩化作用适用于这个过程。杂色常见于湖相泥岩、泛滥平原泥岩和泥灰岩中,尤其是沼泽相沉积物中(成土作用强烈影响着湖泊沉积)。

许多沉积岩显示出奇怪颜色的花纹图案(图4.15),类似于层析法形成的或近似于韵律环带的漩涡状、弧状或是与层面斜交的图案横切面。由于铁质氧化物和氢氧化物含量变化,其颜色通常呈现黄色、棕色甚至是红色。即便这些现象通常与风化作用、沉积物孔隙水的流动和扩散以及矿物的溶解和沉淀有关,其可在沉积后任一时间形成。

图 4.15 河流砂岩中富铁质/贫铁质模型(韵律层状环带)
因经过沉积物的地下水流动中断而形成;模型通常与沉积物或原始沉积构造无关;
英格兰东北部Durham城堡,石炭系

沉积岩石的正常颜色和成因见表4.4。

表 4.4 沉积岩颜色及其可能成因

颜色	可能成因
红色	赤铁矿
黄/棕色	水合铁的氧化物/氢氧化物

续表

颜色	可能成因
绿色	海绿石,绿泥石
灰色	少量有机质
黑色	大量有机质
杂色	部分淋滤作用
白/无色	淋滤作用

第 5 章

沉积构造和沉积体几何形态

5.1 引言

沉积构造是沉积岩的重要属性，出现在上下层面和层内，可用来推断沉积作用、沉积条件、形成沉积物的古水流方向和褶皱区地层的上下关系。表5.1为沉积构造分类表。

表 5.1 沉积构造分类表

沉积构造类型		特　征
层面构造	波痕	观察对称性/不对称性和波峰形状；流痕、浪成波痕还是风成波痕？
	收缩裂缝	干裂或收缩裂痕
	剥离线理	原生水流线理
	雨痕	
	痕迹	爬行迹、步行迹、搜索迹、停息迹等构造
底面构造	槽模	三角形、不对称构造
	沟模	连续/不连续线脊
	压痕	
	重荷模	球形构造
	冲蚀道与水道构造	前者规模小，后者规模大
	收缩裂缝	
层内沉积构造	层理和纹理	
	粒序层理	正粒序或逆粒序
	交错层理	类型很多
	块状层理	真有那么大？
	滑塌与滑塌层理	
	变形层理	各种具体类型
	砂岩墙	
	碟状构造	上凹纹层、碟间柱状构造
	结核	
	缝合线	缝合面
	节理和裂缝	
	潜穴	觅食和居住的生物构造

续表

沉积构造类型		特　征
局限于或主要存在于石灰岩中的构造	孔洞构造	常被方解石胶结物充填
	示顶底构造	
	鸟眼构造	似纹层窗状，多见于微生物石灰岩中
	层状孔洞构造	底面平坦、顶面参差的孔洞
	古岩溶面	不平整，崎岖不平
	硬底	据表面包壳和穿孔识别
	帐篷构造	假背斜构造
	叠层石	平面纹层状、柱状、穹顶状
	滑塌构造	岩石溶解和上覆岩层的垮塌

沉积构造多种多样，其中很多基本所有岩石类型中都可出现。沉积构造是沉积期间和沉积前、后经过物理/化学作用或者生物作用形成的。沉积构造可分五类：侵蚀构造、沉积或因构造、石灰岩沉积构造、沉积后构造/成岩构造和生物构造。

沉积体几何形态是所有规模沉积体的重要特征，揭示各沉积单元之间的相互关系。

5.2 侵蚀构造

常见的侵蚀构造有槽模、沟模、压痕、一般冲蚀构造和水道构造，前三者出现在岩层的底面上。

5.2.1 槽模

槽模根据形态容易识别（图5.1）。槽模出现在岩层底面，平面上呈细长三角形（踵状），圆润一端指向上游，另一端指向下游。剖面上，槽模是不对称的，加深的部分在上游端。槽模的长度不一，从几厘米到几十厘米。它是水流中泥质层面受涡流的冲蚀作用产生的，后因流体能量降低，凹槽被沉积物充填。槽模是浊积砂岩的典型构造,常在河流砂岩的底面上见到,例如裂缝期的沉积,当河流漫过泛滥平原时,风暴流(风暴岩)沉积在砂岩与石灰岩的底部。然而,那些浊积岩底部形成的槽模在尺寸上更一致,形状更规则,排列更规则,常在底层面大面积出现。

图 5.1 硅质浊积岩底面的槽模

水流方向从右下向左上流动,视域范围约1m,深水沉积相,寒武系,法国南部

槽模是古水流方向的可靠标志,应测量其方位。

5.2.2 沟模

沟模是岩层底面上的长形脊线,宽度上从几毫米到数十厘米(图5.2)。沟模沿侧向逐渐消失,过几米后又重出现。在岩层底面上,沟模走向可相互平行或变化到几十度或更大角度。沟模是沿水流拖拽物体(泥块或木头等)切割的凹沟经充填而成,常发育在浊积岩底面上。不太规则、稳定性差的相似构造,可出现在河流、风暴沉积砂岩或石灰岩的底面上;沟模指示水流方向,应测量其方位。

5.2.3 压痕

压痕是水流携带的物体与沉积物表面不时碰触时产生的。这类构造有锥痕、滚动痕、刷痕、弹跳痕和跳跃痕等，压痕是它们的简称。物体如在水中跳跃前进，可重复多次留下压痕。造成压痕的物体常为泥屑、卵石、化石或植物碎片。压痕一经形成，则会延伸平行于水流的方向，并受到冲蚀。也像沟模、槽模那样，常见于砂岩和石灰岩的底面，特别是在浊积岩底面上以铸体形式存在。

5.2.4 冲刷痕和冲刷面

图 5.2 硅质浊积岩底面上的沟模
锤子30cm长，深水相，志留系，苏格兰南部

冲刷痕和冲刷面是水流侵蚀形成的构造。冲刷痕是小型的侵蚀构造，一般宽度小于1m，小至几厘米，见于岩层底部和层内，平面上常沿水流方向伸长。随着尺寸增大，冲刷痕就变为水道。冲刷面的典型特征是削切下伏沉积物，使层理截断，并且在冲刷面上覆盖有粗粒沉积物。冲刷面常呈尖锐、不规则的形状，虽有起伏但也可能是平滑的。

冲刷痕和冲刷面既不局限于岩性，也不局限于环境，只要水流有足够强度冲刷下伏沉积物便可形成。它们多产生于单一侵蚀事件中。

5.2.5 水道

水道构造是大型的构造，宽数米至数千米，一般是沉积物长期搬运通过的场所。许多水道的横切面是上凹的（图5.3），水道充填物在平面上呈长方形（鞋带状）的沉积体。像冲刷痕那样，水道可根据对下伏沉积物的交切关系来识别（图5.3）。水道常被比下伏或邻近沉积物粒粗的沉积物充填，并常有底砾岩层（滞后沉积）。许多水道被交错层理砂岩充填。

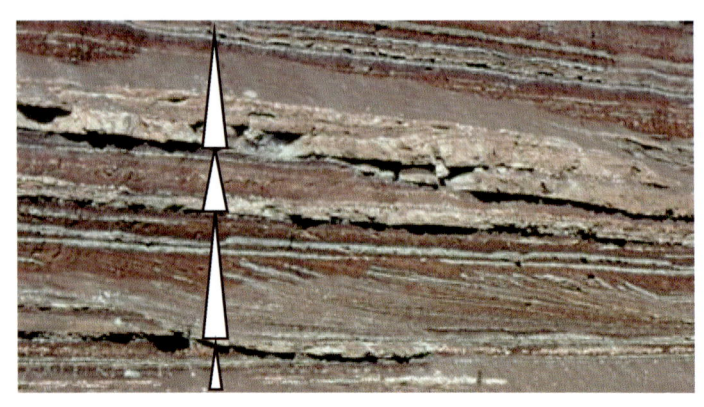

图 5.3 河流水道

河漫滩和泛滥平原层序向上变细的旋回（三角形表示）；下层的水道表现出由左向右的侧向加积，如曲流作用，且多被泥岩充填；上层被砂岩充填的水道发育交错层理，水道沉积物向上变细，为泛滥平原的红色或绿色泥岩；粉白色的结核层为石膏层，其中有一层被最下层水道切断；三叠系，美国亚利桑那州

野外有些大型水道不能一眼看出；因此，要从远处观察采石场和岩壁，仔细追索沉积单元的侧向延续情况。水道可超覆在水道的另一侧上。水道充填沉积物常表现为粒径向上变压（一般向上变细）及相变化，例如，从河流相到河口相，再到海相，表现为一下切谷，是相对海平面上升充填形成的。

水道构造可出现在不同环境岩系中，包括河流、三角洲、潮下—潮间带和海底扇。对于河流水道、三角洲水道和潮道要查找侧向加积作用，即低角度倾斜面，它指示水道的侧迁（曲流作用）（图5.3）。要设法测出水道构造方位（例如从大型交错层理开始），它常指示古斜坡的方向，这对古地理的恢复有重要意义。

5.3 沉积成因构造

层理、纹理、交错层理、波痕和泥裂这类构造是人们熟知的,它们出现在层面或层内。在石灰岩中往往还有其他构造,包括各类孔洞、同沉积胶结产生的硬底和帐篷构造、近地表溶蚀(古岩溶面、溶洞、角砾岩)和叠层石—凝块叠层石等。

5.3.1 层理和纹理

广义层理包括层理和纹理。层理厚(大于1cm),纹理薄(一般小于1cm)。层理由层组成,而纹理由纹层组成。平行纹理(也称平面纹理或水平纹理)是岩层内常见的内部构造。描述层和纹层厚度的术语列于表5.2。层理据其形状可分为平行层理、波状层理、弯曲层理,它们彼此间可能是平行的、不平行或间断的(图5.4)。

表 5.2 层理厚度术语

厚　度	术　语
>1m	巨厚层
0.3～1m	厚层
0.1～0.3m	中厚层
0.03～0.1m	薄层
10mm～0.03m	极薄层
3～10mm	厚纹层
<3mm	薄纹层

5.3.1.1 层理

层理是由于沉积作用方式的变化产生的,可用沉积物粒度、颜色或矿物组成来解释。层理边界可能是突变的、平滑的、不规则的、递变的。砂岩和石灰岩接触面常见薄页岩或泥质缝。层面上可能是光滑的、起伏的、波状的、缝合线状的等,表明沉积作用长期或短期的间断。层间接触范围及特点详见图5.5。

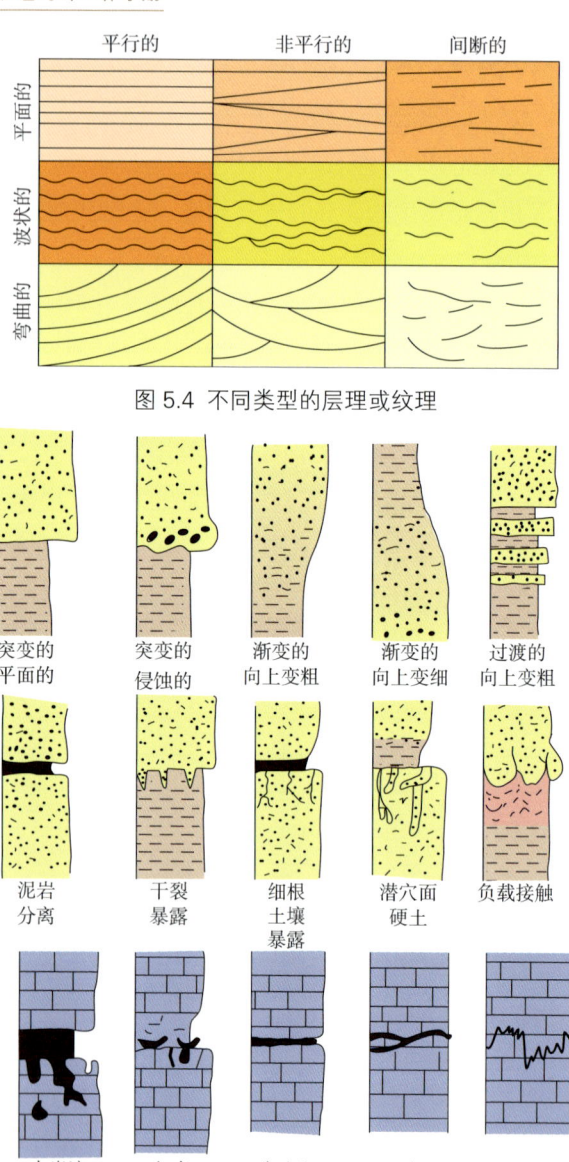

图 5.4 不同类型的层理或纹理

图 5.5 层面和层间接触可能的范围

（1）在层边界处寻找侵蚀（冲刷）的证据；如与上覆粗粒沉积物是否有强烈的侵蚀接触？

（2）调查层理面之下的层的粒径和组成向上的变化，是否有向上变浅的特征？

（3）层理面是否是暴露面？寻找泥裂、细根、岩溶特征。

（4）注意层面上的波痕、剥离线理、泥裂、细根构造。

（5）底面上观察侵蚀构造，如槽模、沟模、压痕等。

（6）注意层面横截面上的内部沉积构造，如交错层理、粒序层理。重要的一点是判断层理是否为单一沉积事件（如浊流、风暴流）或是否经历了较长时期（几年至几百年）。

对于石灰岩，在沉积减少或微量沉积时，层面可为出露的古岩溶面或同沉积海底胶结作用产生的硬底。但要注意，层面特别是石灰岩和白云岩层面，在埋藏过程中，可被压溶作用加强、改造甚至是产生缝合面或更加平滑的、起伏的溶解缝。

观察层面的侧向延续性：沉积成因的，层面延续性会很好；若成岩成因的（压缩作用），层面会发生尖灭或削截。

岩层界面可受松散沉积物压实作用和负荷作用变形；砂岩和下伏泥岩的接触面常受这类影响。构造运动例如层面滑动，和劈理的形成也可以改变岩层的界面。

5.3.1.2 层厚

层厚是重要的、有用的测量参数。例如，对于一些水流沉积物，如浊积岩、风暴岩，层厚沿顺流方向减小。垂向序列中，层厚可系统向上减小或增大，它表明控制沉积的因素之一的渐变（物源区距离的增大/减小，或受物源区抬升/下降影响的沉积物供给量的增加/减少）。非此即彼，层理可以分成小型层厚向上增加或减少的重复单元。例如，在海底扇层序中，几米厚的浊积岩层可表现为层厚向上增加的特征，反映了上叠扇叶的生长。在某些砾岩中，层厚和沉积物粒度之间存在一定关联。

5.3.1.3 平行纹理和水平层理

平行纹理出现在砂岩、石灰岩、泥岩的薄层内，由粒径、矿物组成和颜色变化来定义，可由几种方式形成。砂岩和石灰岩内的水平层理，由强水流中沉积形成的称为上部平底相纹理，由弱水流形成的称为下部平底相纹理。泥岩中的纹理是由悬浮液、低密度浊流和矿物沉淀形成的。

上部平底相纹理主要存在于砂岩和石灰岩中，这是上部流态中高速流动的水下沉积产物。纹层厚几厘米，可通过微弱的粒径变化看出（图5.6）。平行纹理的特征是层面上存在剥离线理，也称原生水流线理（图5.7）。在适当光线下观看时，其层面具有一种低脊组构，脊高只及几个颗粒的粒径。这种线理是由近沉积物表面湍急的涡流作用引起的。剥离线理平行水流方向出现，因此它的方位指示古水流的走向。

图 5.6 水平层理
由快速水流形成于上部平底相，上覆交错层理；
含双壳类化石的临滨相石英质灰岩；
视域50cm，更新统，澳大利亚西部

图 5.7 具水平层理的浊积砂岩面上的剥离线理（或原生水流线理）
走向从左向右；视域40cm；盆地相，白垩系，加利福尼亚

下部平底相纹理缺乏剥离线理，其沉积物粒径大于0.6mm（粗砂级），它是下部流态中低速的牵引流驱动底砂运动的产物。它常见于粗粒的砂岩和石灰岩中。

纹理主要由悬浮液或低密度浊流沉积而成，发育在各种细粒岩中，特别是泥质岩、细粒砂岩与石灰岩中。若纹理沉积于悬浮水流，可达几毫米厚，并具有典型正粒序层理，就像冰川和非冰川湖的纹理沉积和韵律纹理沉积（图5.8）。

纹理可由方解石、石盐或石膏/硬石膏这些矿物周期沉淀形成，也可由地表水中的浮游生物"霜"引起有机物质沉积产生。被屏障的环

图 5.8 微米级的韵律纹理
可能是以季节或年为单位的变化，造成泥岩和碳酸盐岩互层；纹层组成1.5cm厚的单元；厚层为远源水流，部分达20cm；英国东北部二叠系低角度盆内灰泥岩

境，如潟湖、湖泊、浪基面下较深海区，会沉积很多细粒纹层状沉积物。

在野外可用放大镜观察纹理的成因：

（1）它是不同岩性的细微夹层（黏土岩/粉砂岩或黏土岩/石灰岩），还是粒度变化（粉砂—黏土级纹理），或者两者皆有？

（2）如是砂岩，要劈开岩石，寻找层面上的剥离线理。

（3）如是石灰岩，要确定纹理是因颗粒的机械运动形成，而不是微生物（叠层石）成因的。

（4）测量纹层厚度以及平行纹理/水平层理单元的厚度。

（5）寻找纹层组，它能揭示沉积长期控制因素。例如，若纹层是年度的/季度性的，随着时间的推移，存在长期气候控制影响纹层厚度的证据（例如太阳黑子）。

5.3.2 波纹、沙丘、沙浪

底床形态主要形成于砂级沉积物里，如石灰岩、砂岩，甚至燧石、石膏（石膏砂岩）和铁质岩中。波纹常见于层面上，而大型沙丘和沙浪难以保存。在净沉积作用下，波纹、沙丘、沙浪的推移会形成各种类型的交错层理。交错层理是砂岩、石灰岩及其他沉积岩中最常见的内部沉积构造之一。风和水都可使沉积物推移从而形成这些交错层理。

5.3.2.1 浪成波纹

浪成波纹是波浪作用于未粘结的沉积物上，尤其是中粒粉砂—粗粒砂级沉积物上形成的，并具有典型的对称性。当浪的波动一侧强于另一侧时，不对称的浪成波纹便会产生，很难与直脊的水流波纹相区别。浪成波纹的波脊一般是直的，常有分叉现象（图5.9）。波脊可复合，封入小凹陷内（称为小型干扰波痕）。剖面上，波谷比波脊圆滑，波脊可呈尖形，也可呈扁平状。浪成波纹的波痕指数（图5.10）通常为6或7。波长受沉积物粒度和水深控制，大型波纹见于较粗粒沉积物和较深水中。

图 5.9 浪成波纹

伴有波脊分叉现象，低潮期形成的大型浪成波纹的波谷内见小波纹，波长为10cm；滨岸砂岩，中生界—元古宇，澳大利亚西部

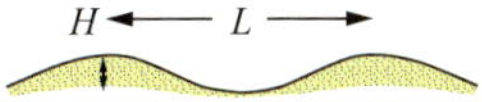

		波痕指数 =L/H
风成波纹	L 2.5~25 cm H 0.5~1.0 cm	大部分 10~70
浪成波纹	L 0.9~200 cm H 0.3~25 cm	4~13，大部分 6~7
水流波纹	L <200 cm H <6 cm	>5，大部分 8~15

图 5.10 风成、波状及水流波纹的波长、脊高和波纹指数

浪成波纹受水深变化的影响可形成变形波纹，例如具扁平波脊或双脊。在波纹（水流的或浪成的）范围内，若水流方向有变化，可发育一组次生波纹，形成干涉波纹，或大型波谷内可能形成小型波纹（梯状波纹）。变形波纹和干涉波纹是潮坪和浅水沉积的典型构造。

5.3.2.2 水流波纹、沙丘、沙浪

水流波纹由单向水流形成,所以不对称。顺流面陡(下游方向),逆流面缓(图5.11)。按形态,常见的水流波纹有三种:直脊的、弯脊的或波状脊的和舌状脊的(图5.12)。确有新月状波纹,但很少见。随着流速的增加,直脊波纹由过渡性弯脊波纹转变为舌状脊波纹。水流波纹的波痕指数(图5.10)通常在8~15之间。粒径大于0.6mm(粗砂)的较粗沉积物,不能形成水流波纹。水流波纹几乎可发育于任何沉积环境:河流相、三角洲相、滨岸相、滨外陆棚相和深海相。

图 5.11 水流波纹

非对称的直脊波纹过渡为舌状脊波纹;动物足迹横穿波纹,圆孔可能为环节动物洞穴;水流方向从右向左;三角洲相,中石炭统,英国东北部

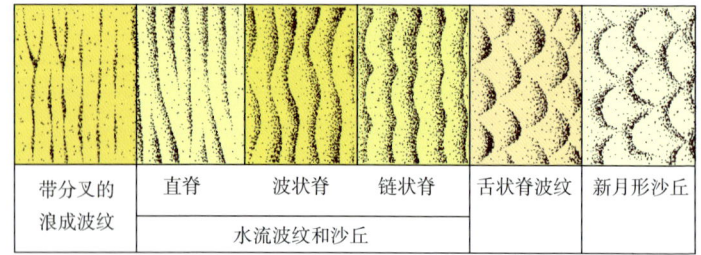

图 5.12 浪成波纹、水流波纹与沙丘的波脊平面图

舌状沙丘和新月形水流波纹罕见;绘点的是逆水一侧(较缓,面向上游),即水流自左向右;

沙丘大于波纹的底床形态

水下沙丘（也称大波纹）和沙浪（沙坝）是形状像波纹的大型沉积构造。沙丘和沙浪很难保存下来，但由它们的移动所形成的交错层理却是很常见的构造。水下沙丘波长一般几米到十多米，波高可达 0.5m。它们可出现在现代河流和河口中。其形状随流速的增加，可由直脊变为波脊，直到新月形脊。在沙丘的背部和槽部常有波纹形成。沙浪比沙丘大，长、宽几百米，高达几米，形态大多数为舌状。沙浪可出现在大型河流里，浅海陆棚也可见到类似构造。在河流中，与沙丘相比，形成沙浪的流速和水深更小。

5.3.2.3 风成波纹和沙丘

风成波纹像水流波纹一样，不对称。风成波纹一般具有长、直且平行的波脊，并有分叉，像浪成波纹一样。波痕指数高（图 5.10），意味着波纹近乎水平。风成波纹很难保存，风成沙丘因其尺寸也难保存，但其推移产生的交错层理是古代沙漠砂岩的特征。新月沙丘（新月构造）和剑形沙丘（长形沙脊）是风成沙丘的两种常见类型，可能出现在更大区域面积的风成砂内或之上。在一个广阔地区，填出风成砂岩的分布图及厚度图可以发现大型剑形沙丘的存在。

5.3.3 交错层理

交错层理是很多砂级、粗粒沉积岩的内部构造，由与主层理方向形成一定角度的层理组成。以前的常用术语如水流层理、假层理或花彩层理最好禁用。多数的交错层理是波纹、沙丘和沙浪推移的结果。不过，砂级沉积物中的交错层理也可因洼地侵蚀和冲刷构造的填充、小型三角洲的生长（入湖或潟湖）、逆行沙丘的发育、河道内点沙坝侧迁和前滨海滩的沉积形成。大型交错层理是风成砂岩的典型特征。砾岩中也可形成交错层理，特别是在辫状河的源头。

大规模的交错层理（由地震引起的）意味着斜坡沉积。

交错层理值得仔细研究，因为它是沉积学解释中极其有用的构造，包括古水流分析。

交错层理的研究方法如下。

（1）测量：①层系厚度；②层系组厚度；③交错层/纹层厚度；④交错层最大倾角；⑤用于分析古水流方向的交错层倾向。

（2）确定是交错纹理（层系厚度小于6cm，交错纹层厚度小于几毫米）还是交错层理（层系厚度一般大于6cm，交错纹层厚度大于几毫米）。

（3）如果是交错纹理。①研究前积层的形状：板状或槽状。②是否为爬升交错纹理，逆流一侧是侵蚀面还是未被侵蚀的？③是水流波纹或浪成波纹的交错纹理？寻找不整合形式的纹层、覆盖前积纹层、波状纹层、起伏或人字形纹理，这都是浪成交错纹理的特征。④有无构成脉状层理的泥质覆盖物？有无造成波状层理的泥互层？泥质岩中有无构成透镜状层理的交错纹层透镜体？

（4）如果是交错层理。①观察交错层系的形状：槽状、板状或者楔状？是否存在主边界面？②观察前积层：板状或槽状；与底部呈角度接触或过渡接触？③寻找底积层内交错纹层：顺流或逆流？④研究沉积结构：注意粒径分布，观察交错层内沉积物的分选性和粒度变化，及粗细层更替情况。⑤在交错层系中寻找内部侵蚀面；是否为再生面？⑥是否有潮流的证据？表面潮汐起因的特征包括：人字形交错层组；交错层组（交错层厚度和粒径大小沿剖面系统变化）；泥岩上覆在交错层之上；逆流交错纹理透镜体。⑦是否有风暴浪的证据？丘状或槽状交错层理是否发育？波状起伏交错层是否被低角度削截？⑧若是低角度交错层，是否为低角度逆行沙丘交错层理或海滩纹理：削截层系内较低角度交错层理？⑨如果是高角度的大型交错层理，会是风成的吗？是否存在细条纹层理？⑩寻找交错层内低角度层面的；是否为侧向加积面？⑪交错层理是否规模巨大？是否是扇三角洲或小型"吉尔伯特型"三角洲进积作用形成的？是否为斜坡沉积？

5.3.3.1 交错纹理和交错层理

在一个岩层内部，可形成单层系或多层系（称层系组）的交错层（图5.13）。仅就规模大小来说，交错层分为交错纹理与交错层理两种主要的类型。前者层系高小于6cm，交错层厚只有几毫米；而后者层系高通常大于6cm，每个交错层厚在几毫米到1cm之间甚至更厚。

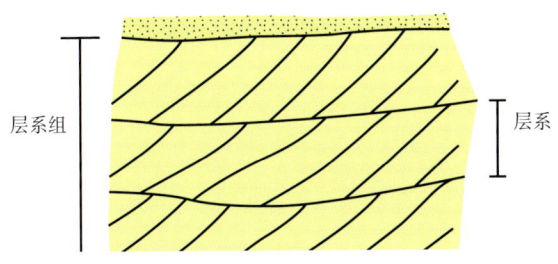

图 5.13 由三个交错层系组成的层系组

5.3.3.2 交错层形态

多数交错层理是由波纹、沙丘、沙浪顺流（顺风）迁移，沉积物从其逆流一侧向上运移而后涌入顺流一侧形成的。交错层的形态可反映顺流（风）一侧斜坡的形态，与水流特点、水深和沉积物粒度有关。

交错层陡斜部分称为前积层，与水平部分呈角度接触或切线接触。切线接触时，交错层下部缓斜部分称为底积层（图5.14）。大型交错层的底积层由于沙丘槽内形成的波纹，可发育有顺流或逆流的交错层理（图5.14）。

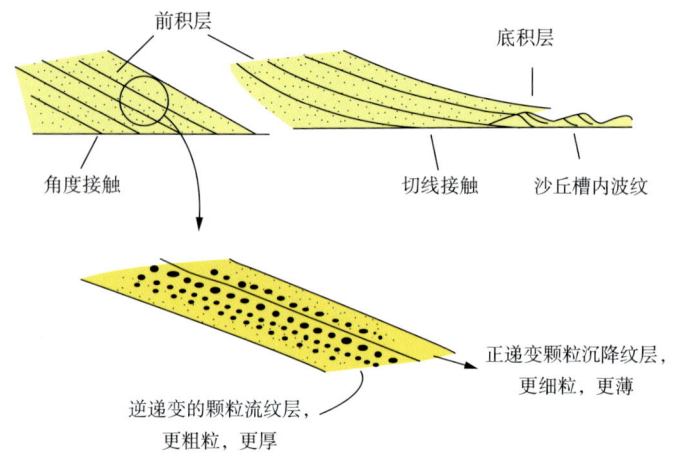

图 5.14 交错层特点（底面接触和内部结构）

交错层系的上界面总是侵蚀面；大多数的交错纹理也是这样。然而，在沉积过程中，向统一侧的纹层偶尔也能够保留下来。

在交错层的厚层系中（风成砂或浅海砂），不同级别的界面可被识别出（图5.15），一些是沉积再作用面。一些水平界面（第一级，图5.15）是侧向延伸的层理面（主界面），它们具有环境指示意义（风成砂中水位上升的影响或浅海架上的风暴事件）。

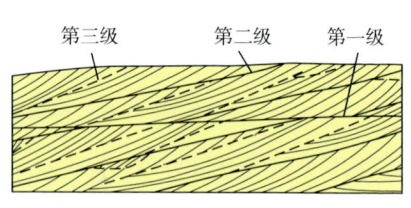

图 5.15 交错层中不同级别界面以水平面为主界面

形成交错层理的原始底床形态保存下来（通常是波纹），其形态又与交错层理相似时，该交错层单元可称为交错层组。

常见的交错层单元的立体形态有两种类型：板状交错层和槽状交错层。前者层系间界面一般为平面，后者为勺状（图5.16）。也会出现楔状交错层单元。板状交错层和楔状交错层主要由平面纹层组成，纹层与层系底面成角度接触。在层理面上，平面交错纹层呈直线状。槽状交错层与底面呈切线接触，从层面来看，交错纹层呈巢状、曲状。

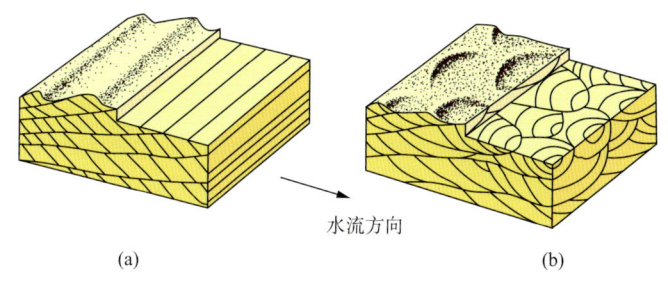

图 5.16 板状交错层理（a）和槽状交错层理（b）
（a）纹层一般为平面的，与底面角度接触；（b）纹层呈勺形，与底面切线接触

板状交错层是由直脊（即二维的）的底床形态形成的（图5.16），而槽状交错层由弯脊（即三维的）底床形态产生（图5.16和图5.17）。

图 5.17 槽状交错层
从该剖面来看，很难分辨古水流的方向；临滨相生物碎屑粒状灰岩，更新统，澳大利亚西部

板状交错纹理由直脊沙纹形成；而板状交错层理多为沙浪产生，也可由直脊沙丘产生。其纹层顶界具有直脊波纹。槽状交错纹理主

要由舌状沙纹形成，而槽状交错层理大多由新月形和弯曲沙丘产生。

测量：交错层理层系和层系组的厚度；交错层倾角；交错层倾向（走向）（古水流分析）。

5.3.3.3 交错层的分选与类型

仔细观察交错层的单个纹层，可发现粒度分布的变化，可揭示不同类型的交错层。当砂体在顺流一侧塌落时，已沉积的交错层呈现出良好的分选性及逆粒序特征，即粗粒向每层的外侧/上部（顺流）和底部聚集（图5.14）。这称为颗粒流层。风或水流将砂体搬运至背风坡/背浪坡之下形成正粒序的牵引。由沉积物垮塌和牵引形成的粗粒厚层常会与由悬浮液形成的细粒薄层纹层交互出现，称为颗粒沉降层（图5.14）。若垮塌和牵引持续发生（高能条件），单一交错层的分选性较差，且无细粒层。

由于细粒沉积物、植被碎屑被流体搬运越过波纹或沙丘脊部，沉积于槽部，所以这些较轻的物质常集中在交错层的底积层内。因此，由于底积层富集了更多黏土与有机物质，常呈深黑色。

5.3.3.4 爬升波纹交错纹理

当波纹迁移并沉积许多沉积物时，尤其是从悬浮液沉积出时，沙纹会依顺流方向沿其背部向上爬升，形成爬升波纹交错层理，也称波纹迁移。由于快速沉积，逆流一侧纹层可被保存下来，故纹理连续发育（图5.18）。

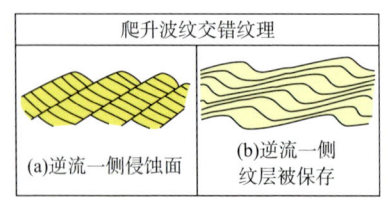

图 5.18 爬升波纹交错纹理（波纹迁移）的两种类型
（a）交错纹层以侵蚀面为界；（b）逆流一侧纹层得以保存，可见连续的交错纹层

5.3.3.5 浪成交错纹理

浪成波纹内部构造多变（图5.19）。通常情况下，纹层与波纹剖面不一致（即纹层是不整合的）。浪成波纹交错纹理区别于水流波纹的这类层理的另外两个特点是底部层系界面呈不规则、波浪状及有覆盖前积层的纹层（图5.19）。

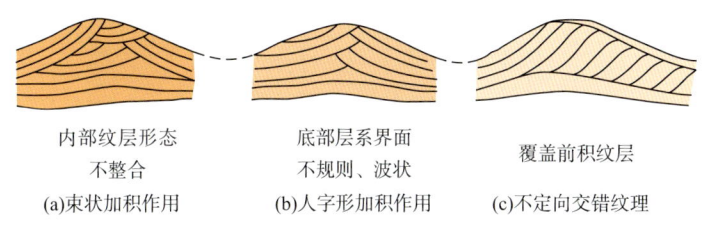

(a) 束状加积作用　内部纹层形态不整合
(b) 人字形加积作用　底部层系界面不规则、波状
(c) 不定向交错纹理　覆盖前积纹层

图 5.19 浪成波纹的三种内部构造

5.3.3.6 条纹层理、透镜状层理和波状层理

在某些波纹形成的区域，粉砂、砂组成的波纹周期地迁移，并且泥质不时从悬浮液中沉积出。条纹层理发育在交错纹层砂夹有泥质条纹处，通常位于波谷中（图5.20、图5.21）。透镜状层理发育在泥质占优势的地方，砂质透镜体内存在交错层理（图5.20、图5.22）。波状层理常出现在具沙纹交错层理的薄岩层与泥质岩互层的地方（图5.20）。这些层理常发育在沉积物供给上下浮动或水流（波浪）活动强度发生变化的潮坪带及三角洲前缘沉积物中。砂泥岩的薄互层被称为异粒岩相。

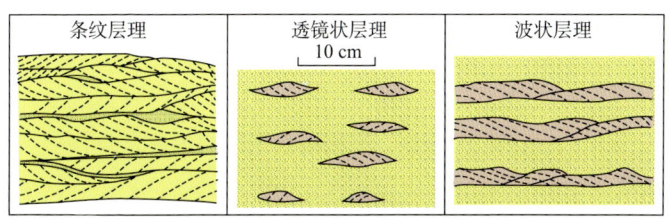

图 5.20 条纹层理、透镜状层理和波状层理示意图

图 5.21 条纹层理
砂岩交错纹理伴有薄层泥岩覆盖层,剖面高20cm;
三角洲相,石炭系,英格兰东北部

图 5.22 透镜状层理
包裹在黑灰色泥岩中的薄层砂质交错纹层透镜体,
视域长15cm,外陆棚相,二叠系,澳大利亚西部

5.3.3.7 沉积再作用面

仔细观察一些交错层理的层系会发现,层理内部有横切交错层的剥蚀面存在(图5.23)。这些沉积再作用面代表因水流条件的短期变化引起的底床形态调整。沉积再作用面可因潮流反向或风暴影响出现在潮砂中,或因河流水位变化出现在河流沉积中,或因风的强度变化、风向的改变出现在风成砂中。

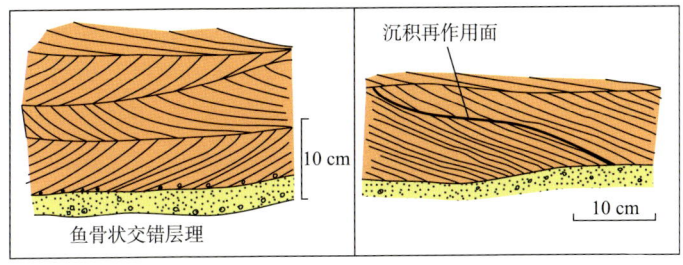

图 5.23 鱼骨状交错层理和交错层理中的沉积再作用面

5.3.3.8 潮汐交错层理

潮汐交错层理有以下几个特点。鱼骨状交错层理是指相邻层系的交错层倾向相反的双向交错层理（图5.23）。鱼骨状交错层理产生于水流反向引起的沙丘和波浪改变其迁移方向的地方。这是其中一个特点，但不是潮砂沉积物的普遍特征。通过判断双向性，鱼骨状的形态与槽状交错层理无关（图5.17）。

在很多情况下，由于潮流的动力比其他流体要强，潮汐交错层理是单向的。但仍然有一些细微特点可揭示潮汐成因的交错层理：交错可能有泥质盖层，反映潮流反向的缓流沉积（图5.24）；另外，在与交错层反向的水流里（即沙浪/沙丘的顺流一侧），交错层理可能存在薄层沙纹透镜体、交错纹理，表明一个较弱、潮流回流现象（图5.24）。

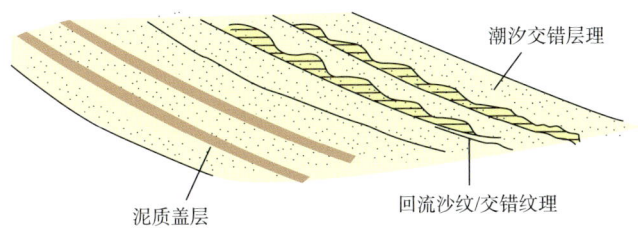

图 5.24 潮汐交错层理、泥质盖层和回流交错纹理特点

一些较大规模的潮汐交错层随着时间变化，厚度和颗粒大小沿

剖面表现出有规律的模式（图5.25、图5.26）；这些潮汐交错层组反映潮流强度受月亮周期影响的浮动。可以通过测量交错层理的厚度，确定潮汐一月内的活动时间。沉积再作用面（图5.23）和主要的层面（图5.15）常见于受风暴改造、侵蚀沙丘/沙丘影响的潮砂沉积物。

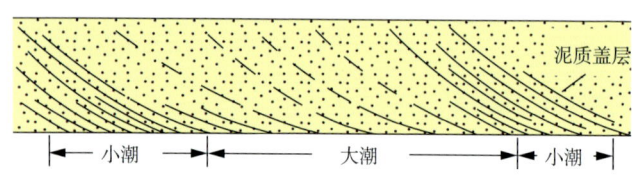

图 5.25 交错层理中的潮汐束
泥质/细砂含量在交错层序中规律变化

图 5.26 交错层理（层系厚 0.2m）
潮汐成因，由沙浪迁移而成；留意前积层上泥质盖层的出现及其规律性，反映了大小潮汐周期（图5.25）；陆架砂岩，侏罗系，阿根廷

虽然可能存在薄层卵石滞后/砾岩透镜体，但潮成砂岩（或石灰岩）通常分选较好，多为圆形砂粒（结构成熟—极成熟）。化石/遗迹化石也可出现。从组分上来说，潮成砂岩也是典型的成熟—极成熟。

5.3.3.9 风暴层理——丘状交错层理（HCS）、槽状交错层理（SCS）及风暴岩

丘状交错层理（HCS）与槽状交错层理（SCS）是两种典型的

砂级沉积物交错层理，是在晴天浪基面与风暴浪基面之间及在外滨相风暴浪和沉积过渡带的作用结果。HCS的主要特征是向上凸起的丘体和向下凹的洼地，具有起伏小的低角度（<10°~15°）交错层理（图5.27至图5.30）。丘体的间距为几厘米至1m甚至更远，俯瞰呈穹隆状。

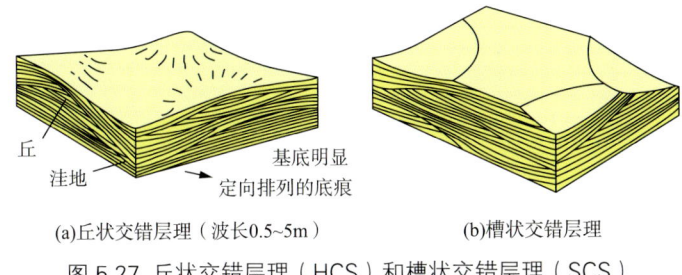

图 5.27 丘状交错层理（HCS）和槽状交错层理（SCS）

图 5.28 中缓坡生物碎屑泥粒灰岩中的丘状交错层理
波长 1m；上二叠统，英格兰东北部

一些丘状层理表现为分区的延续性：从基底（B）到平面层理（P）、丘状层理（H，层理的主要组成部分）、水平层理（F）、交错纹理（X）再到泥岩（M），反映了从强单向流（B，P）到振荡流（风暴浪：H，X，F）再到悬浮沉积（M）的变化。

与丘状交错层理有关的是槽状交错层理，其丘状凸起比较少，层理主要是由宽的上凹纹层组成（图5.27）。平行纹理/水平层理与剥离线理相关（图5.7）。与HCS相比，SCS发育在过渡带到中—临滨带的较高能区。

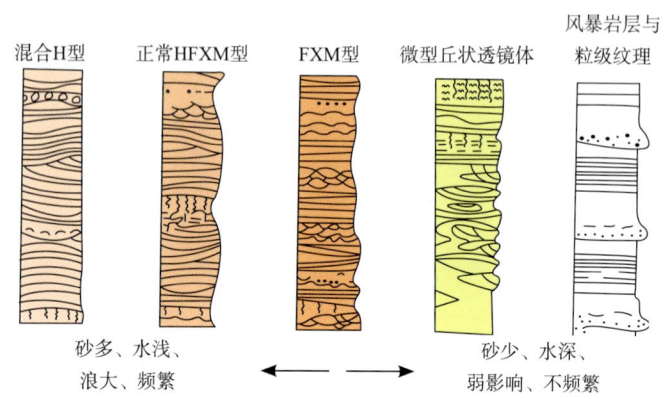

图5.29 更近区域（较浅水）至较远区域（较深水）的风暴岩层（风暴岩）中，以丘状交错层理（HCS）为主的风暴沉积序列

H为丘状交错层理，F为水平层理，X为交错纹理，M为泥岩

图5.30 风暴岩层中的波状纹理（丘状交错层理，HCS）

注意岩层下部的平行面一侧特征，及向上升高的水道，表明风暴强度的增加，这可能是因海岸进积作用变浅的缘故；中元古界石灰岩，印度Ghats山脉东部

具有HCS，SCS的砂岩/石灰岩层位于风暴沉积序列的一端（图5.29）。风暴流沉积在风暴浪底以下优先于风暴浪沉积，并具明显的基底（具底面构造），粒级层、交错纹层（厚度0.01~0.5m）与外陆棚泥岩互层。风暴流岩层常被称为"风暴岩"。这类岩层富集化石。

5.3.3.10 海滩交错层理

沉积在中—高强度波浪能量海滩（前滨）上段的硅质碎屑及碳酸盐砂，其特点是低角度的平面交错层理按削截层系排列（图5.31、图5.32）。这种低角度层理一般向外滨延伸，但在滩肩向陆一侧沉积的砂，也可形成向岸倾斜层理。从海滩剖面可以看出，层系

图 5.31 由低角度、平行纹理砂（具有剥离线理）的削截层系组成的海滩前滨层理

注意原始海岸线的水平与平行纹理特征，相比前倾剖面，走向向左；视域2m；生物碎屑粒状灰岩，更新统，马略卡岛

图 5.32 倾斜侵蚀崖下部低角度向海（左侧）的前滨相

上覆风成相，底层为大规模向岸倾的斜交错层理（向右）；立管为根结核、钙化树根；生物碎屑粒状灰岩，更新统风成岩，澳大利亚西部

之间的界面呈季节性变化。逆粒序岩层是由波浪来回冲刷形成的,常具原生水流线理(图5.7)。另外,可能存在浅水道构造,沿海岸线正常定向延伸,并且低角度切割由离岸流产生的水平层理。在前滨环境内波纹(尤其是浪成的)、脊线与滩肩的发育形成的水平层理海滩砂里,交错纹理或者交错层理砂质透镜体可能出现。

沉积物的结构和组成有助于确定前滨成因;海滩砂岩主要由分选较好、磨圆较好的石英碎屑组成。可能会有潜穴和化石,以及重矿物层,包括磁铁砂矿层和钛铁砂矿层。也可能存在砾岩层与透镜体互层出现,砾岩层分选好、磨圆好,可能表现为叠瓦状沉积构造或是钻孔。

石灰岩沉积在海滩环境,可能包含梯形晶洞、毫米级孔,因潮起潮落,砂粒中的空气截留形成方解石充填晶洞。

5.3.3.11 风成交错层理

和水下交错层理相比,风成交错层理的层系通常要厚得多,交错层本身具有高角度倾角(图5.33)。风成的交错层系一般高几米(可达30m)。其形态呈槽状或板状,为切线接触的基底极其常见。前积层倾角常常大于30°。相对而言,水下交错层理厚度一般小于2m,倾角小于25°。

风成的交错层理,在

图 5.33 风成交错层理

两层(下层2m厚,上层4m厚,箭头之间)大型交错层,黄色净砂岩层中发育高角度倾角;砂岩发育在石炭系煤层不整合面之上,上覆富有机质的云质泥岩,白云石为海侵形成的;露头高12m,二叠系,英格兰东北部

交错层系（主界面，图5.15）中多是水平的侵蚀面，反映风蚀发生的时间和水平面的变化。交错层理因崩落沉积（颗粒流沉积物）自身常表现逆粒序沉积，而牵引流呈正粒序。由于悬浮沉积（颗粒沉降沉积物）作用，这些粒粗层可变成细粒薄层（图5.14）。另一种风成层理是针条状纹理，毫米级厚，由风成沙纹迁移形成（图5.34）。虽然可能与丘间的水平层状砂岩、河流成因的砾岩薄层和砂岩交错层互层有关，风成砂岩

图 5.34 风成相
由风成波纹迁移形成的针条状纹理，生物碎屑粒状石灰岩；视域30cm；更新统风积岩，澳大利亚西部

序列一般只由若干大型的交错层理的层系组成。

若对交错层理的风成因不能肯定，还要查看沉积物的组成和结构。风成砂岩是由分选好和磨圆度高的中粒砂石英碎屑组成。石英颗粒会表现出消光性（暗淡光泽），缺少云母。石英颗粒也可能是红色的，也可能存在风成灰岩（作为风成沉积岩，图5.32和图5.34），由砂级生物碎屑组成，多形成在高碳酸盐生产率的海岸。

5.3.3.12 侧向加积作用面（山字形交错层理）

在交错层河道砂岩内部，有时可见明显的大型低角度交错层理，朝向中小型的交错层理（图5.3、图5.35）。层面以低角度的形式切割交错层，趋势朝河道砂岩基底渐近。山字形交错层理是河道侧向迁移形成的，代表边滩的连续生长和侧向加积作用。这些侧向加积面一般高1m或1m以上，侧向延续几米到10m以上。侧向加积作用面是曲流河道砂岩的典型特征，但也可见于三角洲分支河道和潮道沉积物中。

图 5.35 侧向加积作用面

大型（山字形）交错层理向左迁移，出露在小型河道上，实际上是被一条大河道向左切割出来的（河道底面由白虚线指出）；古水流指向观察者，判断依据：砂岩层中的小型交错层理和河道充填物本身的方位；两河道之上为一条煤线（绿虚线），三角洲朵叶体进积作用导致向上由细粒泥岩变到粗粒砂岩；上覆一煤线（绿虚线），微黄色位置是因黄钾铁石出现，为黄铁矿风化的产物；三角形表示颗粒向上变细，倒三角表示颗粒向上变粗；陡崖高8m，近端三角洲相，中石炭统，英格兰东北部

5.3.3.13 小型三角洲/扇三角洲交错层理

湖里和潟湖里小型的三角洲形成时（称为吉尔伯特型），有大型的交错层理发育，它代表三角洲进积的前缘（三角洲斜坡）。交错层单元厚度（几米至几十米，甚至数百米）反映三角洲赖以发育的水体深度。对于很高的交错层系组，可用斜坡地形这个术语。

前积层倾角可达到25°，由向细粒过渡的砂组成，含有发育完好的粉砂—黏土底积层，主要由三角洲前缘的悬浮物沉积而成。顶积层也很发育，是由河流三角洲顶部沉积的砾石、砂和较细的透镜状沉积物组成，波浪能对其进行改造。

小型三角洲交错层理的鉴别特征是存在发育完好的顶积层和底积层（前者与沙丘和沙浪形成的交错层理不同）并且层系只有一个厚度。这类交错层理呈楔状或扇形，产于湖泊或潟湖的边缘环境。

5.3.3.14 特大型交错层和斜坡地形

在许多情况下，沿着海岸线发育的高崖或者山区，可见特大型的交错层（图5.36）。若在地震上能反映出来（厚>50m），则称斜坡地形。这些特征常发育在碳酸盐岩台地边缘和礁邻区，倾斜层由浅水沉积物形成，如礁岩碎片、生物碎屑岩及鲕粒。碎屑层倾角为几度到近30°，这主要取决于沉积物的粒度（细粒物为低角度）。

图 5.36 斜坡地形

由大型的、平缓倾斜的石灰岩前积层组成（斜坡相），碳酸盐岩台地海退超覆且下超到深水泥岩上；崖高50m，生物碎屑粒泥灰岩，白垩系，比利牛斯山，西班牙

如果允许，观察斜坡的几何特征（平的、S形的、倾斜的）、厚度、沉积物粒径和层内构造。地层是否有旋回、增厚、减薄或成束？

5.3.3.15 逆沙丘交错层理

逆沙丘交错层理比较罕见，但是很重要，因为它是上部水流动态高速流动的标志。逆沙丘是砂级粒度的低幅度底床形态，它因沉积物沉积在底床形态的逆流坡上，而向上游方向迁移形成的。逆沙丘可在现代海滩上看到，在回流的区域或水流中，以驻波和碎波的逆流运动而被识别。由于逆沙丘迁移形成的交错层理指向上游，所以，要肯定逆沙丘交错层理的指向与流向相反的设想，需要取得其他的可以指示流动方向的证据(如底面槽痕)。这类交错层理的倾角一般较小,比低速水流水下沙丘所形成的还难确定。逆沙丘交错层理因为浊积岩、河流砂岩(极其罕见)和火山碎屑的低潮沉积而闻名。

5.3.3.16 砾岩中的交错层理

主要出现在单一层系中,层厚一般0.2~2m。交错层常呈平面状且低角度,组成板状、楔状、透镜状等层组单位。河流环境(辫状河和泛滥平原)沉积的砾岩常有交错层理,是在高水位时沙坝向下游迁移形成的。

5.3.4 粒序层

粒序层展现从底部到顶部的粒级变化。最常见的是正粒序层理,其底部颗粒最粗,向上逐渐变细(图5.37)。粒度的向上减小,可由岩层中各种颗粒看出;当基质粒度变化很小时,只能由大颗粒表现出来。复粒序层理是一个内有几个粒序单位的层理。

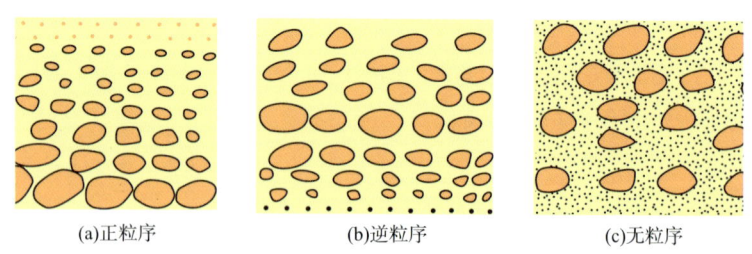

(a)正粒序　　　　(b)逆粒序　　　　(c)无粒序

图 5.37 粒序层的不同类型

逆粒序是粒级向上增大的粒序,较为少见(图5.37)。它可以贯穿整个岩层,较常见的是在一个岩层底部几厘米内出现,往上则为正粒序。逆粒序可能仅影响粗颗粒。粒序层理在砾岩层中观察(和测量)毫无困难,在砂岩里则需借助放大镜观察。

正粒序由水流减弱形成,水流减速时,最粗(最重)颗粒先沉积,细颗粒后沉积。这种粒序层理是浊流和风暴流的典型沉积特征。复粒序层理可反映水流波动变化。

逆粒序是沉积过程中水流强度增加形成的,但更多的受颗粒扩散和浮力的影响形成。常出现于高浓度混合沉积水流的沉积物中。由回流沉积在海滩的纹层常具逆粒序,与崩落或颗粒流形成的交错层一样(图5.14)。在重力流(如颗粒流和碎屑流)沉积的最下部也能形成逆粒序。

5.3.5 块状层

块状层无明显的内部构造,首先要确定的是,情况真是这样,而不仅是表面风化或粒径均一的结果。在野外采集样品,经实验室切削、磨光或浸蚀,可观察判断存在的构造(纹理、生物扰动等)。其他一些技术也可用来辅助识别构造:

(1)用亚甲基蓝表面染色,有机物发亮;或者用茜素红加铁氰化钾,能识别出方解石/白云石、富铁/贫铁碳酸盐。

(2)表面覆盖一层薄油(对白垩很有用)。

(3)借助当地医院X射线(切成0.5cm厚的薄片)。

如果岩石确定无构造,就需要推断出为什么。有两种可能性:一种是沉积过程中没有构造发育;另一种是由于后期的生物扰动作用、重结晶作用、白云石化作用、脱水作用破坏了沉积构造。若是原始沉积被破坏,仔细观察岩层或再切割染色岩石会发现这方面的证据;仍保留微纹层,沉积物可能被搅扰而均匀化了。

真正的块状层多出现在快速沉积中(倾泻作用),当时没有充分的时间来发育底床形态。块状层理出现在某些流体砂岩中,是浊流、颗粒流砂岩及泥石流沉积的特征(图5.38)。

图 5.38 切割河泛平原交错层砂岩的河道内的块状层

在地层顶部倒转;河道深2m,辫状河流相;下石炭统,英格兰东北部

5.3.6 收缩裂隙(泥裂)和龟裂构造

收缩裂隙出现在很多细粒沉积物中,尤其是泥岩和灰质泥岩中,它的形成多因露出晒干引起沉积层的干裂收缩、破裂。许多干裂纹在层面上呈多边形(图5.39),在层的底面上也容易观察到。其大小变化很大,直径由几毫米至几米。裂隙多边形可有几种,沉积碎屑因干缩而崩离下来,形成层内和边缘向外的砾岩。

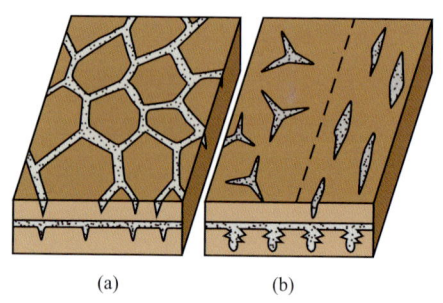

图 5.39 收缩裂隙

(a)干燥形成的,典型的完全多边形,直边,或不那么规则;
(b)脱水收缩裂隙形成的,典型不完全多边形,或像鸟足状或像海绵状;
在(a)中,裂痕有轻微的后期压实作用,表现出V字形;
在(b)中,经过压实作用,裂痕表现出肠状褶皱形

沉积物可在水下开裂。脱水收缩裂隙就是因盐度变化或渗透影响引起沉积物脱水形成的。这类裂隙以不完全的多边形为特征，常呈三叉状或纺锤状（图5.39和图5.40），有时会被误认为遗迹化石或蒸发假晶（反之亦然）。

图 5.40 泥质灰岩中的干裂纹
陆架相，上前寒武系，蒙大拿州

干缩和脱水的收缩裂隙中常有较粗充填物，在垂直剖面上呈楔形，会因压实作用发生后期变形和褶皱。干缩裂隙是曾出露地表的标志，往往见于海洋和湖泊滨岸及河泛平原沉积物中。脱水收缩裂隙在浅水潮下湖泊沉积物中也是常见的。

和干裂纹相关的是臼齿状构造，出现在灰质泥岩与白云岩中的压实裂隙中充填了细粒方解石。多见于前寒武系中，其起源还有争议，它们可能和地震活动有关。

龟裂纹也可经过早期的胶结作用和表层壳的暴露发育于碳酸盐沉积中。帐篷构造就是一种常见相关构造。

5.3.7 雨痕

雨痕是有凸边的小坑，是雨滴打击细粒沉积物的松软暴露面形成的。一些情况下，痕迹不对称，可以用来判断当时伴随雨的风向。多存在于沙漠中干盐湖和湖泊滨岸沉积。

5.4 石灰岩（包括白云岩）的沉积构造

这一部分讲的沉积构造大多是石灰岩的，而不是硅质碎屑岩的。

5.4.1 孔洞构造

许多石灰岩起初具有孔洞构造（可能仍然是这样），但沉积后不久就被沉积物或碳酸盐胶结物充填。这类构造包括示顶底构造、窗孔构造（包括鸟眼构造）、层状孔洞构造、席状裂隙、水成岩墙、洞穴、壶洞、孔洞。

5.4.1.1 示顶底构造

示顶底构造这一术语适用于被内部沉积物和胶结物（一般为亮晶方解石）充填的一切晶洞，不仅仅局限于石灰岩中。孔洞充填物是有用的示顶底标志（白色亮晶在顶部），内部沉积物的表面代表沉积当时的"水准"。示顶底构造通常位于贝类之下（伞形构造）、骨架颗粒之内及同沉积洞穴内（图5.41和图5.42）。

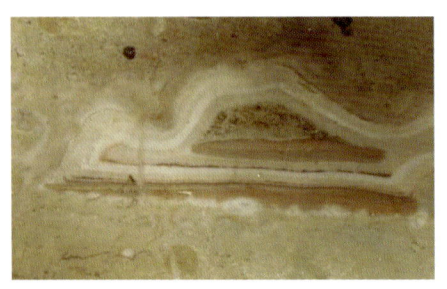

图 5.41 示顶底构造

洞中充填了几层内部沉积物（粉色，洞底），示顶，纤状方解石（白色），洞中心为亮晶方解石（棕色），洞高2cm，微生物粘结灰岩；泥盆系，Windjana Gorge，澳大利亚西部

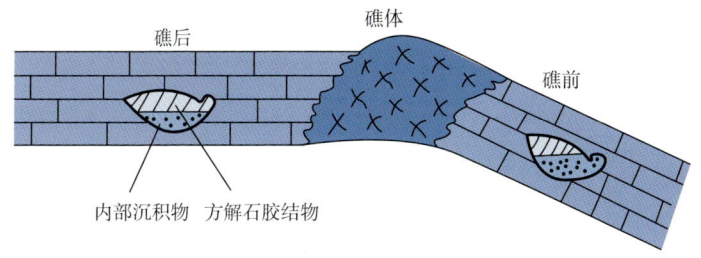

图 5.42 礁后相示顶底构造示意图

在礁后相，沉积物沉积在一个水平面，在礁前相，沉积物沉积在斜坡上

仔细测量示顶底构造可以发现一系列的石灰岩都具有原生沉积倾斜（图5.42），通常出现在礁前石灰岩、侧翼泥质丘、斑礁中。

5.4.1.2 窗孔（包括鸟眼）

窗孔通常是被亮晶方解石充填的孔洞构造，产于泥晶，常出现在球粒石灰岩和白云岩中。主要有三种类型：大小相等到不规则的窗孔（鸟眼孔）、纹层状窗孔、管状窗孔。

鸟眼构造一般宽几毫米，等形，是在潮坪碳酸盐沉积物的气体包裹和干裂作用下形成的（图5.43）。

图 5.43 球粒石灰岩中鸟眼构造（窗孔构造）被亮晶（灰色方解石晶体）充填

可见缝合线；视域为4cm×2cm；潮坪相，泥盆系，Geikie Gorge，澳大利亚西部

纹层状窗孔是受席状裂隙影响的平行层理的长形孔洞构造，常见于微生物纹层之间，是微生物席中岩层的干缩、分裂形成的。通

常高几毫米，长几厘米。

管状窗孔多垂直于层面，一般宽几毫米，长几厘米。它们分枝向下生长。这些构造大多数是潜穴和支根构造。有些可被沉积物充填而不是胶结物（亮晶）。

梯形孔洞在形状（等分的）、规模上类似不规则窗孔（鸟眼），但多出现在颗粒岩（生物碎片和鲕粒灰岩）中，是典型的海滩沉积物，由砂中空气的捕集形成。

5.4.1.3 层状孔洞构造

这是另一种孔洞构造，其特点是内部沉积物底面平滑，顶面不规则，并被胶结物充填。胶结充填物常为等厚的纤状方解石（灰色），继之变为晶簇状方解石（白色）（图5.44）。这种构造在泥丘灰岩（块状灰质泥岩/生物泥晶灰岩，大多是古生代时期的）中常见，起源不明。可能的解释包括：沉积物脱水作用、局部海底胶结作用、沉积物冲刷作用及海绵状物的溶解作用。

图 5.44 灰质泥岩中的层状孔洞

内部充填物的不规则顶面为纤状及晶簇状方解石，视域15cm，微生物粘结灰岩（泥丘）；泥盆系，比利时

5.4.1.4 席状裂隙及水成岩墙

席状裂隙与水成岩墙或平行或切穿层理，两者在规模上都有很大变化，尤其是水成岩墙，能穿入很多米。它们通常由岩化或部分岩化的沉积物破碎形成，或在开放溶洞中形成。这两种构造或被与主岩同时代、同岩性的沉积物充填，或被完全不同时期的、年轻得多的沉积物充填。席状裂隙和水成岩墙有几种形成方式，但也可由准同生期构造运动、早期压实作用、沉降、轻微的侧向错动/顺坡滑动作用引起石灰岩体破裂而成。

5.4.1.5 岩溶洞穴和角砾岩

有些构造与水成岩墙类似，但规模常大一些，当石灰岩体上升或主海平面下降，石灰岩体与大气水接触时，可在其内部发育。石灰岩的溶解作用（岩溶作用）能形成孔洞系统，可从窄的垂直/近垂直的水道（壶穴）变为较大的溶洞。这些溶洞大多切穿地层，尽管局部可顺层展布，其岩墙面为光滑—波状起伏状，而非平的。流石（纤维状方解石地层）可能包覆着这些岩溶洞穴岩墙，可能出现洞穴堆积物（钟乳石、石笋）。外延的洞穴系统发育在地下水位附近（可能为滞水）和上部的毛细带。

多数情况下，古岩溶洞穴随后被沉积物充填，这些沉积物可以是地下暗河或地表渗流的陆相红色、绿色的泥灰岩、砂岩、砾岩（可能含有植物化石），也可以是海侵带来的海相沉积物。

大量独特的岩溶角砾与岩溶洞穴相关，并出现在其表面上。它们形成于石灰岩的破裂和溶洞垮塌，这些组成主石灰岩体的具棱角的碎屑伴随着从较好的纤维状至碎屑支撑的砾岩，最终至再改造碎屑支撑的砾岩结构变化，纤维状砾岩表明碎屑未搬运（裂纹角砾岩），碎屑支撑砾岩表明已开始搬运（角砾岩），再改造碎屑支撑的砾岩揭示了沉积物沿地下暗河已进行搬运作用。

5.4.2 古岩溶面

古岩溶面形成于石灰岩表面的暴露和大气淡水溶蚀作用（岩溶作用），多发生在潮湿的气候中。它们通常具不规则地貌（图5.45），时有坑洼和向下几米深的裂隙，发育在土覆层之下。古岩溶面之上可能仍然为表土层（现在为古土壤—红色/灰色泥岩及根须），或表土层已被后期海侵改造，因此海相沉积物直接覆于暴露面之上。古岩溶面上也可能存在火山灰，原岩角砾也是一样。

图 5.45 古岩溶面，现为河床
留意不规则、坑洼表面，上覆平层状石灰岩；陆架生物碎屑泥粒灰岩，下石炭统，约克郡，英国

仔细观察石灰岩地层的顶部可以发现岩溶的证据，几米厚的向上变浅的石灰岩层旋回通常覆盖在古岩溶地貌上，指示近地表的溶蚀。然而，石灰岩层多受压溶作用影响，产生尖形、波状—不规则面、麻点面和缝合面，这些和古岩溶就不太像了。

与古岩溶面伴生的纹层状薄壳，出现在石灰岩顶部，但可被溶解面切断。薄壳一般由浅褐色、灰色或红色泥晶灰岩组成，纹理不清，可有小管状体，乃根须所在位置。这些薄壳起初为土壤，可能是钙化的根须或无机/微生物沉淀物。

古岩溶面很重要，因其是岩石暴露的标志。它们发育的程度取决于气候和出露时间。

5.4.3 硬底

硬底构造是发生同沉积胶结作用的石灰岩中部分或全部在海底岩化。硬底顶面常常是海底胶结的最好证据。硬底面常有底栖固着生物，如牡蛎、龙介蠕虫、海百合包壳，也有环节动物、石蛏类、双壳类和海绵动物的钻孔（图5.46、图5.47）。在硬底面之下会存在水平洞穴，由胶结海底之下的水流冲刷而成，并可见化石和胶结物。

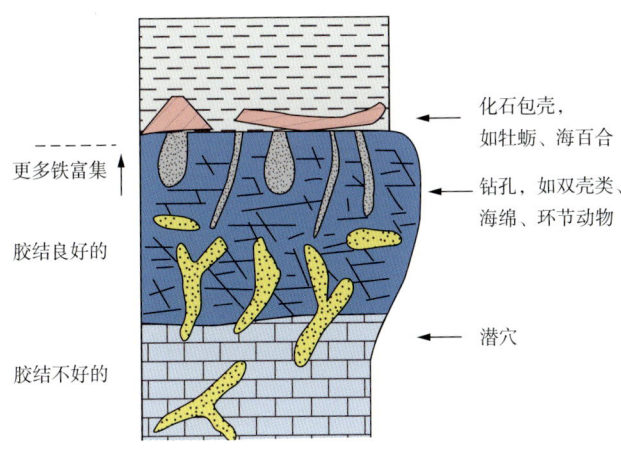

图 5.46 硬底特征指示了一个沉积的间断和海底胶结

许多硬底面经磨蚀（砂沿层面运移的侵蚀）呈平面状，因此，沉积物中的生物钻孔和化石可能被削蚀掉了。另有一些硬底（一般在深水石灰岩与白垩中）则为起伏不规则状，此乃海底发生溶解作用的结果。硬底常呈结核状，可能与成岩作用之前的生物扰动和生物潜穴相关。硬底面可能被铁矿物或磷酸盐浸染，在硬底面形成氧化铁壳或磷酸盐壳，也可能出现海绿石。硬底可被追踪几十米甚至上百米。

海底部分岩化层被称为硬土。

硬底虽不常见，但具有指示环境和成岩作用信息的重要意义。其主要形成于沉积减少或微弱的沉积作用期间，并伴随相对海平面的上升。

图 5.47 硬底表面外观
可见包壳的牡蛎及钻孔痕迹（圆孔），大拇指作参考，鲕粒灰岩，侏罗系，英国

5.4.4 帐篷构造

由于碳酸盐沉积物的同沉积胶结作用，被胶结的表面层可胀裂呈多边形，也可能产生内碎屑。胶结层受上推作用形成帐篷构造（假背斜），而在胶结物破裂处会有逆冲现象。孔洞也偶在胶结层下面发育，然后被沉积物充填、胶结起来。帐篷构造可与硬底一起发育在浅水潮下带沉积物中，但更多的是潮坪碳酸盐中。后者中，微生物纹层、干裂纹和钟乳石胶结物常相关联。因此，多数帐篷构造能指示暴露面和海水成岩作用，长期的暴露可以形成巨型帐篷构造层。

5.4.5 微生物岩——微生物纹层、叠层石、凝块叠层石、石灰华

这些生物构造是由不同生长方式形成的。主要是由蓝藻细菌（蓝—绿藻）和其他微生物，以及碳酸盐的生物化学沉淀的表面席状体（以前称藻席）捕获并粘结碳酸盐颗粒所形成。微生物岩有纹层状的，一般称为

叠层石，也有无纹层或纹层很少的，称之为凝块石。微生物岩在前寒武系碳酸盐岩中比较常见，但也在很多显生宇碳酸盐岩中出现，特别是那些潮缘成因的。

叠层石样式不一，有称之为微生物纹层的平面样式，也有丘状（像甘蓝）和柱状的（图5.48）。叠层石的纹层由泥晶、团粒及细小骨粒组成，厚1mm至几毫米，同时也可能出现胶结层。

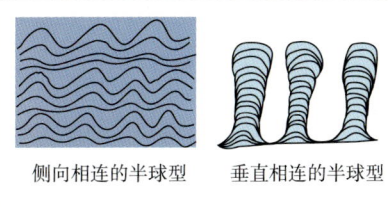

图 5.48 四种常见的叠层石构造
丘状、柱状、平面叠层石和核形石

对于平面型叠层石（即微生物纹层，图5.49），可从褶皱起伏及厚度变化超出纹层不规则面参差范围等特征判定其生物成因。纹层因干缩而破裂、破碎，表现出微生物席碎屑的再生长和包裹。帐篷构造可能出现，内碎屑多产生于干缩和暴露作用。微生物纹层中，常有长条形孔洞（窗孔），还可能有薄层颗粒灰岩（可能为风暴成因）互层。微生物纹层是潮坪石灰岩和白云岩的典型特征，也伴随

图 5.49 微生物纹层
丘状，视域30cm长，潮坪相白云岩，上二叠统，英格兰东北部

有窗格状灰质泥岩、蒸发岩或假晶存在。也可能会形成大型生物岩礁构造或建隆，可达数米宽（图5.50）。

图 5.50 生物岩礁
3m宽，陆架白云岩，上二叠统，英格兰东北部

丘状叠层石纹层从一个丘连续到另一个丘，直径可达几十厘米或更多。柱状叠层石不连续，一般形成于高能环境，以便内碎屑和颗粒常形成于柱间。图5.51是柱状叠层石的横截面。若这些构造不呈良好的纹层状，而是凝块结构或球粒结构，甚至豆状结构，则称为凝块叠层石。纹层状相对于非纹层状，更能反映原始的微生物席群落（丝状与球形微生物成因）和环境因素。小的溶洞（窗孔）多见于微丘状—柱状微生物岩层中。

图 5.51 柱状叠层石横截面
每个柱状叠层石宽10cm，陆架微生物白云岩，中元古界，Ghats东部，印度

图5.48展示了野外描述叠层石的常用符号。叠层石形态常向上变化，以适应环境的变化。大型叠层石构造可由低级藻丘和藻柱构成。这些简略符号为描述叠层石的变化和变种提供了方便。叠层石可形成薄层或构成复合礁型构造。在前寒武系岩石中，叠层石在形状和微构造上是多变的，并可分属、种命名，类似遗迹化石一样。

核形石是不附着在任何物体上的球型—半球型微生物构造，常具同心纹层（见图3.8）。在固定情况下，这些纹层可能是不对称的或者不连续生长在球体的顶部。此类微生物构造可被误认为成土成因的豆粒。看着类似核形石的是红藻石，其藻球是钙质的藻类形成的，多为红藻。

石灰华是微生物岩的另一种类型，形成于温度与温泉相近的淡水、地下渗流水、溪水中及有淡水补充的湖底。石灰华是一种多孔的方解石沉积，产于微生物的诱导和化学方解石沉淀，通常含有钙化植物或叶子。和石灰华类似的是钙华，它也是微生物成因的，多在温暖—热的泉水中沉淀形成。硅华也是类似的沉积物，只不过由硅质物组成，它的出现多与火山活动有关。

5.4.6 砂岩中微生物诱因的沉积构造（MISS）

微生物诱因的沉积构造（MISS）发育在硅质碎屑沉积中，由覆盖在沉积物表面的粘结微生物席产生，形成生物稳定沉积。这些微生物席使微生物岩中松散的砂粒发生隔挡、捕获、粘结，但无碳酸盐沉淀出。MISS包括皱痕、倒转纹层，因微生物席的膨胀形成，并带有砂质层、位于微生物席之下的气体上冲并被俘获产生的厘米级丘和凸起。这种构造多发育于前寒武系砂岩中，因为那时无破坏藻席生长的食草或穴居生物。

5.5 沉积后构造

许多构造形成于沉积之后，有的起因是沉积物的整体运动（滑塌和滑动），有的则是由于脱水和荷重引起的内部调整作用。沉积后的物理化学和化学作用产生缝合线、溶解层和结核。

5.5.1 滑塌和滑动及巨形角砾

原来沉积在斜坡上或靠近斜坡的沉积体，能顺坡向下搬运。如果沉积体内部几乎不发生变形（多是石灰岩），则这种下移称为滑动。沉积体滑动可发生角砾化作用，形成大小不等的岩块。

巨形角砾是用来描述大型块状沉积物的。许多巨形角砾是沉积期与断崖剥蚀期断层活动的结果；另外，由块状石灰岩组成的角砾，出现在坡脚地区，常是在海平面相对下降期和碳酸盐岩台地边缘滑塌时沉积的。观察大块的角砾岩，判断沉积物是否在深水沉积之前，发生了近地表暴露（例如，寻找溶蚀孔洞中充填的红色泥岩、钙红土）。当在深水环境，查看块状角砾上是否有固着底栖生物（牡蛎、龙介虫类等）造成的钻孔或包壳，或氧化铁和磷灰岩（特别是上表面）。还需检查这些角砾是否是外来的或像不在适当的位置。

如果沉积物在下移时内部发生变形，称为滑塌更好。滑塌体一般要出现褶皱；在整个范围内，常见平卧褶曲、不对称背斜和向斜，及冲断褶皱（图5.52、图5.53）。褶皱的轴线平行于斜坡走向，褶皱倒转的指向为顺坡方向。为了确定滑塌及古斜坡方向，有必要测量滑塌褶皱轴及轴面方向。滑塌和滑动可在几米到几千米范围内发生，其中很多是由地震触发的。

在一个岩石序列中，可根据上下有未受到扰动岩层的产出和下部界面（滑塌和滑动在此面上发生）的切割层理，推断滑塌或滑动的存在（图5.53）。应当确信，块状沉积体也可发生侧向运动，因为岩层有些类似的包卷和角砾岩化可由脱水和其他作用产生。

图 5.52 滑塌褶皱
深水石灰岩，形态奇怪的褶皱说明这个变形是同沉积期形成的；崖高10m，远洋的灰质泥岩，古近—新近系，帕克索斯，希腊

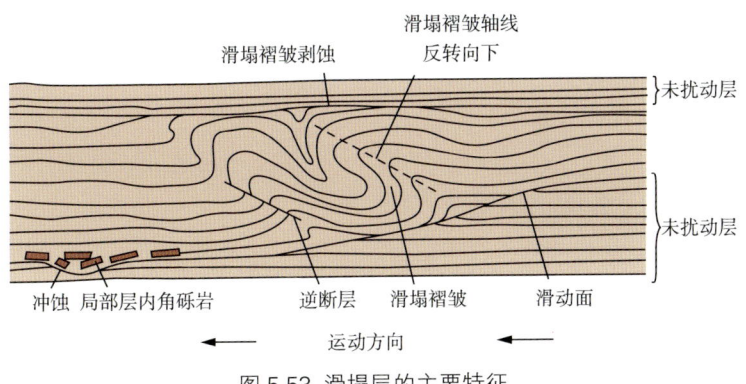

图 5.53 滑塌层的主要特征
滑塌构造规模为厘米级至千米级

5.5.2 变形层理

变形层理以及诸如扰动层理、包卷层理、扭曲层理都可用于沉

积发生改变时形成的层理、交错层理和交错纹理,但是沉积物自身没有发生大规模横向运动(图5.54)。

图 5.54 扰动、扭曲层理
视野2m×1m,河流相;三叠系,布鲁姆,澳大利亚西部

包卷层理主要出现在具交错纹理(纹理已变形呈波状、小背斜和陡向斜)的沉积物中,包卷层理常不对称或顺古水流方向倒转。扭曲层理和扰动层理用于层内不大规则的变形,包括不规则的褶皱、扭曲、破裂和贯入,没有任何优选方位或排列。某些岩层可发生大规模的或局部的角砾化作用。倒转层理波及交错层的最上部,并且总是向顺流方向倒转(图5.38)。

变形层理可由许多作用产生。某些包卷层理和倒转交错层理被认为是由沉积物表面水流的剪切作用和运动砂体的摩擦牵引作用引起的。脱水作用如流体化作用及液化作用(常由地震引起的)在多种情况下与断层的同沉积运动相关。

5.5.3 砂岩岩脉和砂火山

砂岩岩脉和砂火山比较罕见,但不难识别。砂岩岩脉横切层理,为砂充填;砂火山(由向上运动到沉积物表面的砂岩岩脉形成)呈锥形,中心低洼,出现在层面上。地震引起的脱水作用和水的向上逃逸作用是这些构造的成因。

5.5.4 碟状构造和碟柱构造

这类构造由上凹纹层(碟)组成(图5.55),直径一般几厘米,可能被无构造带(柱)分割开来。碟状构造和碟柱构造是水向上和四周通过沉积物而形成的,尽管不局限于特殊环境或特殊沉积机理的砂岩,但它们是斜坡、海底扇、裙带沉积物重力流沉积的常见构造,多见于深水斜坡上的重力流快速沉积,且沉积较快。

图 5.55 砂岩碟状构造
视域10cm,三角洲砂岩;上石炭统,英格兰东北部

5.5.5 负荷构造

负荷构造是由一个层差异沉降到另一层内所致。重荷模常见于泥质岩之上的砂岩底面上,呈球形或圆球形,一般不具任何优选延伸方向和方位(图5.56)。泥可向上直接注入砂岩层中,形成火焰构造。同样是负荷原因,沉积物(通常为砂岩)可沉入下伏的泥质沉积物中,成为不连续的块体,形成所谓的枕状构造。在较小范围内,各个沙纹可沉入下伏的泥中,形成下沉沙纹或砂岩球。

密切注意砂岩与泥质岩的分界处,因为该处常常发现重力负荷作用(图5.57)。

图 5.56 砂岩底层面的负荷构造
视域1m,深海浊积杂砂岩,上前寒武系,挪威

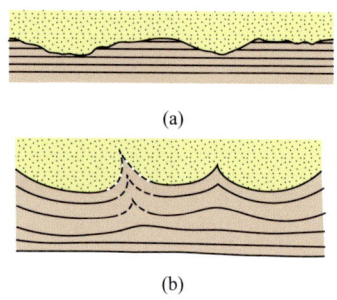

图 5.57 冲刷面和重荷模表面
(a)砂岩底部的冲刷面,分界处的泥质纹层有削顶现象;
(b)通过砂岩坠入泥岩沉降形成的重荷模表面,泥岩向上注入(火焰构造)和泥质纹层的洼陷和扭曲现象,冲刷面可因负荷作用发生变形

5.5.6 结核

结核多形成于沉积后的沉积物中,多为局部胶结物斑块。成岩结核与成土结核是结核的两种广泛类型,前者是埋藏形成的(深埋或浅埋),后者是成土过程形成的。

5.5.6.1 成岩结核

构成成岩结核的矿物一般是细粒的方解石、白云石、菱铁矿、黄铁矿、胶磷矿（磷酸钙）、石英（燧石/火石，见图3.22）和石膏—硬石膏。直径几毫米到几十厘米的方解石、石膏—硬石膏、黄铁矿、菱铁矿结核多见于泥岩中。燧石结核多见于石灰岩中，方解石和白云石结核出现在砂岩中，有时可产生巨大的、直径数米的结核，后者有时也称铁质结核（图5.58）。

图 5.58 具有大结核（直径 2m）的细粒交错纹理砂岩
富铁白云石优先胶结，留意节理处，与砂岩相比燧石结核间距更小；
三角洲砂岩，石炭系，英格兰东北部

结核可任意分布，有时可沿一定层位聚集。结核形态多变，从球形到扁平、长形甚至极不规则形状。有的结核围绕化石聚集，有的在生物潜穴内形成；然而，大多数结核与沉积物原有的非均质性无关，有时，结核具有为矿物质充填的放射状和同心状裂隙，这些往往由方解石和菱铁矿组成的龟甲结核裂隙（图5.59），是结核形成后不久因收缩（脱水）产生的。

晶洞是一种中空类型结核，晶体常向中间生长。许多晶洞是蒸发岩（特别是石膏）溶蚀形成的，一般由石英、少量的方解石、白云石组成。外表通常呈菜花状（见图3.18）。

另一种特别的结核由方解石组成并呈叠锥构造特征。方解石由纤状晶体组成，长几厘米到十几厘米甚至更多，呈扇状或锥状排列，并与岩层面垂直。叠锥构造形成于富有机质泥岩的埋藏过程中，在压实作用过程中，高孔隙流体压力下，会形成奇怪的方解石晶体。

图 5.59 菱铁矿结核
龟甲裂缝被沉积物（灰色）和胶结物（白色）充填；
视域30cm，海相中陆架沉积相，上石炭统，英格兰东北部

成岩和埋藏过程中，结核可在不同时期形成。泥质沉积物中的结核大多形成于成岩早期，压实作用阶段之前。钙质结核一般形成于海相泥岩中，但它们也形成于土壤中，称之为钙质结砾岩，所以会在湖泊或泛滥平原泥岩中发现。黄铁矿结核在富有机质的泥质海相沉积物中较常见（因为海水有充足的硫酸盐供给，硫酸盐会因细菌作用含量降低，转化为硫化物），菱铁矿则多形成于富有机质的非海相沉积物中。

由于早期成岩作用的影响，泥质沉积物中的纹理随结核偏移（图5.60），并且结核可以保存原始纹层厚度。压缩量可根据这些结核推算。相比邻近泥岩中被压缩的化石，成岩早期结核中的化石和潜穴不受压实作用影响，因此不被破坏和压缩变形。

紧邻沉积物与水的界面形成的成岩早期结核，因风暴作用露出海底，然后再搬运，也许被生物包壳或钻孔（这时结核起硬底作

用)。石灰岩中的燧石结核(包括白垩中的燧石结核)和砂岩中的碳酸盐结核主要也是成岩早期形成的。形成于压实作用之后的泥质沉积物中的成岩晚期结核较少见;且宿主沉积物的纹理通过结核不发生偏移(图5.60)。

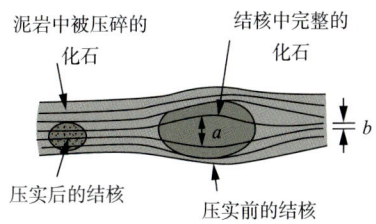

图 5.60 泥岩中压实前(成岩早期)和压实后(成岩晚期)的结核
早期成岩形成的结核可以用来推算压缩量,公式 $(a-b)/a \times 100\%$

结核的描述内容如下。

(1)确定结核成分和宿主沉积物的性质。

(2)测量结核大小和间距。

(3)描述形状和结构;是否在生物潜穴内形成?

(4)寻找内核(如化石)。

(5)设法判断形成时间。①早期成岩,含有完整的化石,局部经再搬运,若是压实前形成的,宿主沉积物纹理有偏移现象;②成岩晚期,破碎的化石,压实之后形成的,宿主沉积物纹理不受影响。

(6)判断是否是钙质结砾岩(成土砾岩)。

5.5.6.2 钙质结砾岩(钙质壳)—成土结核和石灰岩

钙质结核和钙质壳层发育在半干旱环境的土壤中,那里蒸发作用胜过沉淀作用。在地质记录中,它们主要见于红层岩系,特别是泛滥平原沉积的泥岩中,也可出现在突发事件的海相碎屑沉积物中。

在野外，钙质结砾岩通常以浅色细粒的方解石结核产出，少有白云石结核，直径几厘米至几十厘米，大多向下延伸（图5.61），多形成于红色泥岩中。钙质结核或是随机分布的，或是紧密聚集的，且可在致密石灰岩层上发育并成熟（图5.62）。许多钙质结砾岩围绕植物根成核并生长；绕根结核就是这种沉淀物与钙化根系。它们多是锥状向下并具分支（图5.32、图5.63）。

图 5.61 由细粒方解石的长形结核组成的钙质结砾岩（钙质古土壤）
泛滥平原相；泥盆系，英格兰西部

钙质结砾岩之上的土壤层，因侵蚀作用可被移除，使得钙质结砾岩暴露地表，形成硬壳。硬壳是描述岩化成土表层的常用术语。除了钙质壳，硬壳还富含铁质（铁质壳）或硅质（硅质壳）。

另一种成土石灰岩是层状钙质结砾岩或片状硬壳，晶体大小和颜色的微小变化，造成其纹理厚度略不规则。许多纹层的钙质结砾岩是钙化的根须，因此包含很多小管。当土壤带在石灰岩表面充分胶结（堵塞）时，

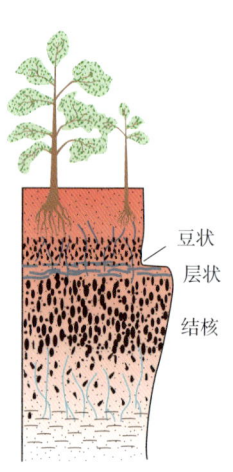

豆状层状结核

图 5.62 发育好的钙质结砾岩剖面是密集的向下延伸的结核（有些绕根形成）以及层状钙质结砾

硬壳会在钙质结砾岩上形成，它们也会围绕树根生长。许多钙质结砾岩具有球粒和藻类；这些球形颗粒通常是不规则层状，多是微生物作用形成的，直径几厘米。

图 5.63 绕根结核
钙化的植物根，视域约3m，泛滥平原泥岩，
三叠系，德文郡，英格兰西南部

钙质结砾岩形成于较粗粒沉积物中，砾石和颗粒分离。老的、成熟的钙质结砾岩中，裂缝和方解石脉可能会切穿致密的岩化钙质结砾岩，导致大规模的角砾岩化作用，形成内碎屑和帐篷构造。也可产生洞穴，并充填沉积物、藻粒及胶结物。

黑色砾石存在于钙质结砾岩中，且会被再改造为底部滞留沉积。它们可能是自然界中植物燃烧与钙质结砾岩变黑的结果。

钙质结砾岩是古气候的有用标志，但也反映着一个漫长的无沉积时期（几百年至几千年，或者更久），在此期间有成土作用发生。钙质结砾岩也能在不整合面处形成。

5.5.7 压溶和压实作用

在上覆岩层和构造压力的作用下，在沉积岩体内部沿一定界面发生溶解作用，产生多种光滑至不规则的溶蚀界面（图5.64）。压溶现象常见于石灰岩层接合处及其内部，压溶作用早在埋藏时期就可发生，但埋深几百米时更加发育。缝合线与非缝合线是压溶作用的两种主要类型。压溶作用可能会形成假层理（图5.65）。

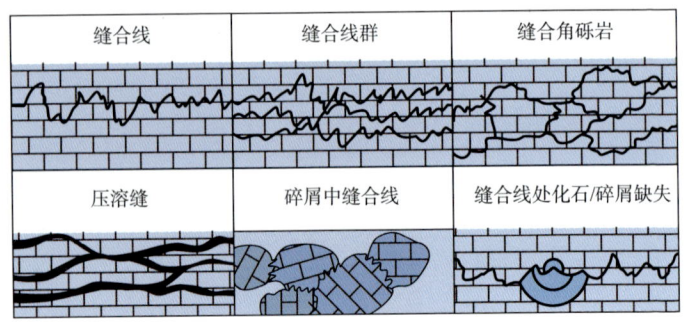

图 5.64 压溶作用的不同产物

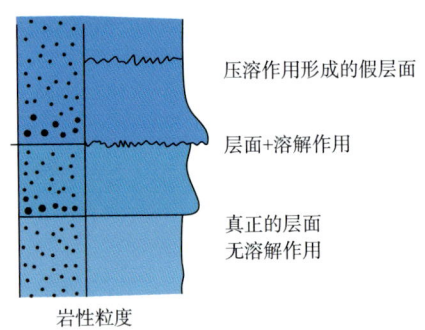

图 5.65 层面、假层面和压溶作用面

缝合类型就是我们一般说的缝合线,多是平行的,尽管有时候是高角度的缝合线。难溶物(主要是黏土)沿裂缝聚集(图5.66)。缝合线或单一存在,或组合或群体出现;可分为高幅度(几厘米)和低幅度形式。

有起伏平缓的无缝合溶解缝出现在泥质较多的石灰岩中。它们呈起伏状、分支交错或网状,可单独出现,也可成群出现(图5.64);并能过渡为邻近泥质岩石的劈理面。结核、块状、缩胀结构可生长为厘米级或分米级。

极端强烈的压溶作用可使石灰岩出现角砾化外观,带有拟合组构——砾石。压扁石灰岩就是用来描述这种岩石类型的。压溶作用的

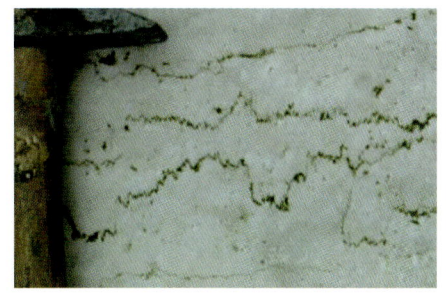

图 5.66 白垩中的缝合线构造
视域20cm,远洋的灰质泥岩,白垩系,英格兰东部

存在,可由穿过缝合线的化石的部分缺失证明。在某些情况下,石灰岩中的化石和砾石为缝合线接触。

缝合线也可出现在砂岩中,但是不多见。砾岩之间也可形成缝合线,导致砾石上出现小坑。

泥质沉积物的压实作用会在沉积后不久发生。压实作用的主要效应是压碎化石和把沉积物厚度减少到10%(泥岩中有早期成岩结核部分最清楚)。压实作用与压溶作用并存时,还使石灰岩—泥岩的接触界限变得更清楚。

5.5.8 岩脉、火腿石、间断面(节理与裂缝)

尽管许多岩脉是纯构造成因的,且被通过的热液流体矿化,但岩脉也可通过压实及埋藏成岩作用形成。最常见的沉积岩脉是那些由纤状石膏(暗色亮晶)组成的,多出现在泥岩中,是在蒸发岩地层上隆时,由硬石膏水合作用形成的。尽管许多情况下,对于交叉方解石岩脉来说,称之为裂缝更合适(其中充填的矿物是胶结物);它们出现在许多成熟的钙质结砾岩、岩溶石灰岩、硬底和帐篷构造中以及破裂潮上带碳酸盐岩中。

方解石片平行于地层,出现在某些富有机质泥岩中,它们由垂直的纤状晶体组成。这种方解石片就是众所周知的"火腿石",与叠锥型构造相关。

沉积岩中的节理和裂缝大多数和构造压实作用有关,但有些时候与沉积或埋藏作用相关:火山碎屑沉积物中的冷却节理、冰川混积岩的节理、煤中劈理和仅与上覆岩层压力有关的坚硬岩层裂缝(如胶结较好的石灰岩和燧石)。这些间断面可能存在几种组合,也可能为多期的,如交切和互不相关的节理。节理的间距与岩层厚度、搬运力和脆性有关,脆性岩石节理间距小(图5.58)。节理和裂缝的特征如下。

(1)测量裂缝的方位,如果不是垂直的还要量出角度;裂缝可以用来指示区域应力场。与断层和褶皱走向对比。

(2)测量裂缝间距;间距紧密还是宽阔(表5.3)?查看间距和地层的厚度是否有关。

表5.3 沉积物和沉积岩中的间断面(裂缝和节理)间距

类 型	间 距
非常宽	>2m
宽	600mm ~ 2m
中	200 ~ 600mm
近	60 ~ 200mm
非常近	20 ~ 60mm
极近	<20mm

(3)裂缝是如何侧向稳定的?是雁形排列吗?

(4)裂缝是否产生了岩屑?块状(等尺度的)或板状(厚度远小于长度或宽度)或圆柱状(高度远远大于横切面)?

(5)裂缝是否被胶结物或沉积物充填?裂缝壁是光滑的、粗糙的、磨光的或有擦痕的?因为孔隙流体裂缝的流经作用,围岩壁发生改造,如石灰岩局部白云岩化作用,或者红层碎屑颜色的损失。

5.5.9 树枝石

树枝石有奇特的形态,通常在层面上,是锰和氧化铁沉淀的结果(图5.67)。通常是黑色的,看起来像树叶化石,比较奇特,在沉积学和成岩学上值得研究。

图 5.67 树枝石
看起来像树叶,是由锰和氧化铁沉淀在平面上产生的,
视域10cm,外陆架/陆表海灰质泥岩;侏罗系,德国

5.6 生物沉积构造

除了微生物岩外,由于动植物的活动,沉积物中还可形成很多构造。生物沉积构造形式繁多,有的因生物破坏使纹理和层理模糊不清;有的能定出具体名称,是独立的、条理清楚的遗迹化石(足迹化石)。这种由生物活动形成的构造即是沉积物的遗迹组构。痕迹化石常用引起这类构造的动物活动来解释,但动物本身的性质往往难以或不可能推断,因为不同生物常有相似的生活方式。而且,同一种动物可以产生不同的构造,随动物习性和沉积物特点(粒度、含水量等)而定。

甲壳类动物、环节动物、双壳类动物和海胆常常造成潜穴构造;层面遗迹和足迹与甲壳类动物、三叶虫、环节动物、腹足类动物和脊椎动物的活动有关。植物根系可以造成和潜穴有些相似的构造，但这种构造常具碳化芯。

注意不要把常在潮间带岩石中见到的现代生物遗迹如多毛类环节动物、海绵类的钻孔及帽贝类和玉黍螺的足迹误认为遗迹化石。石灰岩上的苔藓造成的小型孔洞及褪色现象，看起来也像古生物构造。一些沉积构造，如胶体收缩裂隙、压痕、脱水构造、成岩结核以及低级变质阶段产生的斑点和线理也可引起混淆。

许多生物沉积构造在光斜照下比较容易观察。许多重大发现都是在太阳不大的黄昏或黎明发现的。为了不浪费早起，要从不同角度来观察松散石面，这是一个观察构造的不错方法。

遗迹化石的考察内容如下。

（1）素描（或照相）构造；测量尺寸、宽度和直径，确定生物扰动指数。注意相背景；检查沉积物颗粒大小。

（2）遗迹和足迹（岩层面上下）。①考察遗迹：注意形状是否规则，是直的、弯曲的、波状的、螺旋线形的、蛇曲的，还是放射线状的。②观察遗迹本身：如呈连续脊状或沟状，注意有无中间分界和装饰现象（如人字形花纹），对于附属标志或脚印，要测量大小和间距（步态），寻找痕迹印记。

（3）潜穴（出现在层内，层面上也可见到）。①描述形态和层理的方位。可能性：水平的、接近垂直的、垂直的；简单直管、简单弯管或排列不规则管、U形管。如果是分支潜穴，注意分支形状是否规则，潜穴直径有无变化。②观察穴壁：有无泥或团粒，查找痕迹；邻近沉积物纹理是否受潜穴影响而偏移？③判断潜穴充填物：是否不同于邻近沉积物？颗粒粗还是细？骨屑丰富还是贫乏？含铁多少（通过颜色表现，红色/黄色/棕色）？充填物是否为球粒？在潜穴充填物内有无弯曲的回填纹层？充填物是否云化或硅化？结核生在潜穴内部还是周围？④查找蹼状构造，这是与U形潜穴伴生的纹层。

5.6.1 生物扰动作用

生物扰动是指生物及植物对沉积物的破坏作用。遗迹组构可由分散的不连续的潜穴构造（常充填不同颜色、成分或粒度的沉积物）和完全破坏的沉积物产生，后者具有"搅拌"外观和沉积构造缺失的特征（图5.68）。生物扰动作用可通过混合完全搅匀沉积物，或扰动层可呈结核状结构，也可形成较粗和较细沉积物的分离。潜穴可产生角砾结构（假角砾岩）。另外，潜穴易发生云化作用和硅化作用。颜色多变的斑状沉积物也可能是生物潜穴（穴斑）造成的。许多看起来奇怪的岩石也是生物潜穴构造造成的，会给这些岩石起一些具有想象力的名字（如豹斑岩）。

图 5.68 强烈的生物扰动的沉积物
视域0.5m，外滨颗粒状灰岩，更新统，澳大利亚西部

生物扰动指数可以用来指示沉积物被破坏的程度和沉积物中遗迹组分的含量（表5.4和图5.69）；可以用柱状图来表示。

表 5.4 生物扰动指数

等级	生物扰动百分比（%）	分类
1	1~5	稀疏的生物扰动，层理显著，少量不连续的遗迹化石和逃逸构造
2	5~20	少量生物扰动，层理显著，遗迹化石密度小
3	20~50	中等数量的生物扰动，层理仍然显著，遗迹化石分散，重叠现象少见
4	50~80	大量的生物扰动，层理不明显，高密度的遗迹化石和重叠现象
5	80~95	强烈的生物扰动，层面完全被破坏（但仅可见），后期潜穴分散
6	95~100	完全的生物扰动，因重叠现象重复，发生沉积物再造作用

注：每个等级根据原始沉积物组构的清晰度、潜穴发育的规模和数量来描述；生物扰动百分比只是一个指南，而非绝对的区分；图5.69表示不同等级的概略描述。

5.6.2 遗迹化石

遗迹化石最好按其形成方式来研究；其基本类型主要有（1）移动（爬、走、跑等）痕迹和足迹；（2）觅食痕迹；（3）停息迹，出现在层面上或层面下；（4）觅食潜穴；（5）居住潜穴，主要出现在层内（图5.70）。所有这些构造都是动物在未固结沉积物、碎屑或碳酸盐中活动产生的。另一种遗迹化石类型是（6）钻孔，由生物在硬底、胶结物、砾石或化石上形成。

各类遗迹化石的主要特征如下。

（1）移动痕迹：比较简单的模式；线性或者弯曲的，包括足迹。

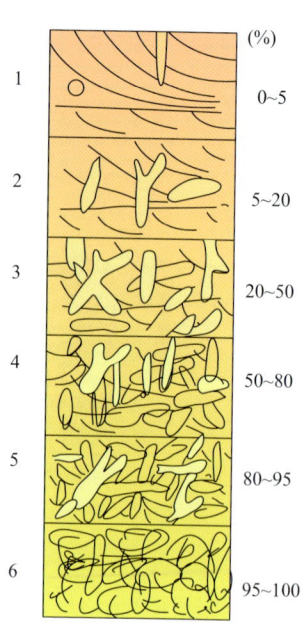

图 5.69 不同等级生物扰动作用及产生的遗迹组构

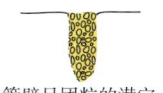

图 5.70 居住潜穴和觅食潜穴的示意图

（2）觅食痕迹：层面上痕迹复杂，常为对称或规则类型；螺线形、放射状、蛇曲状，多是腐生生物造成的。

（3）停息迹：动物生活过程中在停歇处留下的痕迹（但不是化石铸模）。

（4）居住潜穴：简单到复杂的潜穴系统，但不具沉积物经系统加工迹象，潜穴可呈黏土线条状或团粒状；许多是悬浮物摄食动物活动造成的。

（5）觅食潜穴：简单到复杂的潜穴系统；往往是有序的分支潜穴模式，是沉积物经系统加工的标志，多是腐生生物造成的。

（6）钻孔：多数为简单构造（管状、瓶状），切穿硬基底，如砾石、化石及硬底。

移动痕迹是动物活动造成的，因此，与更复杂的觅食或捕食构造相比，它们在层面常呈笔直或弯曲的。爬行迹可由很多类型的动物在各种环境下形成。常见的爬行迹是甲壳动物、三叶虫（*Cruziana*）和环节动物造成的。脊椎动物，如爬行动物（尤其是恐龙）、两栖动物和哺乳动物留下的脚印也是遗迹化石。若发现足印，可按图5.71来测量其特征。

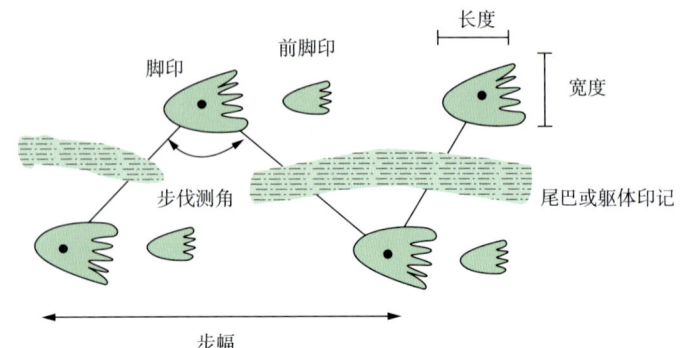

图 5.71 足印测量特征：长、宽、步幅和步伐测角

觅食迹见于沉积物表面，是摄食沉积物的生物摄食时系统加工沉积构造形成的。这些生物构造具有条理清楚的螺旋状、蛇曲状和放射状花纹。觅食迹往往形成于比较平静的环境，多是深水环境，且由软体动物或贝壳类生物活动形成。例如*Helminthoides*, *Palaeodictyon*和*Nereites*等（图5.72）。

停息迹是动物停歇在沉积物表面时留下躯体印痕造成的。虽属罕见，但海星（如*Asteriacites*）和双壳类（如*Pelecypodichnus*）确实存在于浅水沉积物中。

图 5.72 层面上的痕迹

视域20cm，外滨相砂岩，二叠系，卡那封，澳大利亚西部

潜穴构造有的很简单，有的则相当复杂。其特征如图5.73所示。潜穴构造（图5.70）是各种潜穴，有简单的垂直管状（如 *Skolithos*，图5.74），也有U形管状，它们可与层面垂直（如 *Arenicolites*、*Diplocraterion*）、近于垂直或平行（如 *Rhizocorallium*）。U形潜穴中，上凹纹层称蹼状构造，出现在U形管之间及其下面，这是动物为了适应沉积物作用和侵蚀作用而向上移动形成的。*Planolites* 是一种简单无分支、未排列的潜穴，可能是一种贝壳类居住构造（图5.75）。

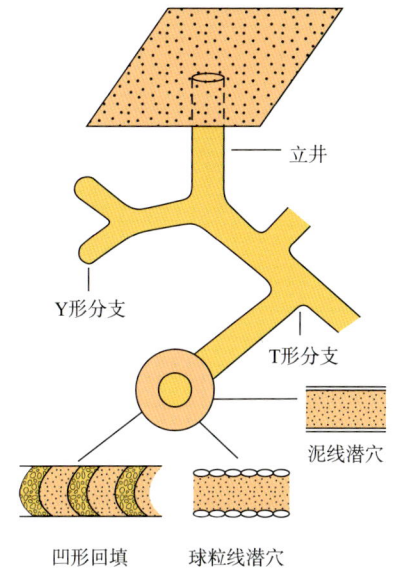

图 5.73 潜穴构造特征

当某些造穴生物被快速埋藏时，它们要向上运动，以便重新回

图 5.74 简单垂直的居住潜穴（*Skolithos*）

视域50cm，滨岸相交错层理砂岩层，二叠系，当加拉，澳大利亚西部

图 5.75 无分支的、未排列的简单潜穴（*Planolites*）

视域20cm，中陆架，生物碎屑泥粒灰岩，石炭系，英格兰东北部

到沉积物与水界面的相对位置上。这样就能留下一个逃逸构造，使附近纹层偏移，形成人字形构造。*Conichnus*就是由海葵形成的这种类型。

其他潜穴构造，特别是甲壳类的，具简单—不规则的分支系统，穴壁由团粒或黏土构成（如*Ophiomorpha*和*Thalassinoides*；图5.70）。有些居住潜穴具弯曲纹层（图5.70），是动物回填作用的标志（如*Beaconites*、河流沉积中的肺鱼潜穴构造）。

觅食构造是摄食沉积物的生物在沉积物内寻找食物时形成的遗迹化石。最常见的一种觅食构造是简单无分支的、经回填的水平或近水平的潜穴（直径为5~20mm）；其中一些由一系列砂球组成，呈串珠状形态（如*Eione*，图5.76）。其他觅食潜穴很有条理，有的具规则分支（如*Chondrites*，图5.70），有的通过生物提取有机物，对沉积物进行系统加工时形成，潜穴方向有规律地变化，如*Zoophycos*（图5.77）和*Spirorhaphe*（图5.78）。

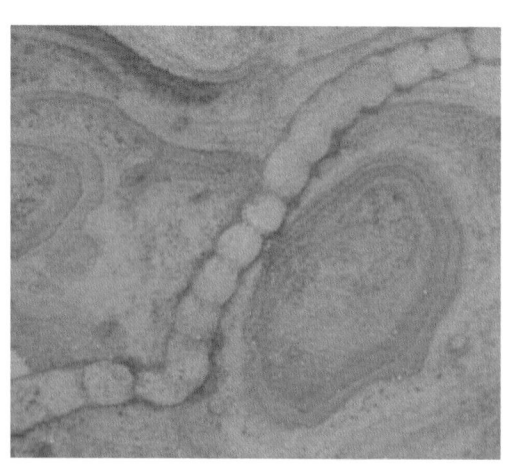

图 5.76 串珠状觅食潜穴（*Eione*）
通过对沉积物钻孔，由动物摄取或排泄砂（或消除有机物）形成的构造；视域20cm，外滨岸相砂屑岩屑岩，石炭系，英格兰东北部

图 5.77 觅食潜穴（*Zoophycos*）
视域为20cm，中陆架，生物碎屑泥粒灰岩，石炭系，英格兰东北部

图 5.78 深水相觅食潜穴构造（*Spirorhaphe*）
视域30cm，远洋灰质泥岩，三叠系，帕克西岛，希腊

层内的潜穴构造发育于层面上部，在沉积物表面上潜穴生物很活跃。在许多层中，会有大量不同的潜穴构造出现在不同深度，这与原始海底有关。这也称之为遗迹化石的分层。查寻不同潜穴的存在情况，例如，规模大小，有无未排列、简单的管状或分支潜穴，是否完全充填，或相交切割与否。

存在于基岩或化石中的钻孔迹，其形态从管状到椭圆形/圆形洞都存在，且基本都被沉积物充填。在一些情况下，原岩沉积物被风化，仅留下了钻孔的形态。贝壳类造成的钻孔具有一个显著的特征，就是会形成圆底烧瓶形态（图5.79），并且贝壳可能依然存在。海绵钻孔呈扇形边缘的串珠状，环节动物则为均匀钻孔。

钻孔多存在于硬底表面（图5.46、图5.47），是海底在沉积时期发生粘结的重要证据。查找切穿石灰岩中贝壳和刺入包壳在硬底表面的贝壳的钻孔。浅海沉积的砾石和内碎屑常含钻孔，也有大型化石，如珊瑚、海胆类、牡蛎类。同样，不整合面上会有钻孔现象（图5.79）。

图 5.79 钻孔（烧瓶状）
中新统双壳类岩石侵入灰色白垩系白云岩中，不整合接触，上覆生物碎屑泥粒灰岩；视域10cm，塔拉戈纳，西班牙

5.6.3 沉积研究中生物遗迹化石的应用

生物沉积构造能在水深、盐度、能量、氧化作用等几方面对环境解释提供至关重要的信息，当没有实体化石时更具价值。能在一个沉积层序中，区分开不同种类或是组合的生物遗迹化石，从而确定不同的遗迹化石相。四种主要海洋遗迹化石相的命名是依据四种典型的海洋生物遗迹化石而定：分别为滨海（*Skolithos*遗迹化石相）、潮下（*Cruziana*）、半深海（*Zoophycos*）、深海（*Nereites*）。更多关于生物遗迹化石组合、沉积环境和相环境信息见表5.5。

表 5.5 遗迹化石组合（遗迹化石相）、沉积环境、相背景、典型遗迹化石类型、遗迹化石样品

项目	*Skolithos*组合	*Cruziana*组合	*Zoophycos*组合	*Nereites*组合
沉积环境	砂质海岸、外滨或临滨相，0~10m，高能	潮下带、近岸内陆架，10~100m，潟湖	半深海地区、远陆架、斜坡、浅盆，100~2000m，潟湖	半深海、深海地区，深海底，1000~1500m
相背景	水平层理或交错层理，中/粗砂岩、粒状灰岩/泥粒灰岩	平行或交错纹理砂岩/粉砂岩、泥粒/粒泥灰岩和泥岩	纹层状细砂岩/粉砂岩、泥粒、粒泥灰岩	泥岩、灰质泥岩±浊积岩
典型遗迹化石类型	多样性低，垂直潜穴，简单U形潜穴，粒线状	表面痕迹多变，复杂潜穴	有限数量的觅食、捕食潜穴和痕迹，比较复杂	沉积表面上规则样式，沉积面之下也常见
遗迹化石样品	*Skolithos, Ophiomorpha, Diplocraterion, Monocraterion*	*Cruziana, Asteriaci-tes, Rhizocorallium, Eione, Chondrites, Planolites, Thalassinoides*	*Zoophycos, Phycosiphon, Spir-ophyton*	*Nereites, Helmint-hoides, Palaeodic-tyon, Spirorhaphe*

尽管特别的遗迹化石存在于特定的相中，但不同环境中可存在相似条件，所以同种遗迹化石也可出现在不同相中。因此，同种遗迹化石不一定都是由同种动物留下的，只要它们有相同的习性就可以。例如，典型的在中—低能、安静深水环境下形成的遗迹化石，如*Cruziana*和*Zoophycos*遗迹化石，也可出现在浅水潟湖中。

遗迹化石可反映沉积速率。强烈的生物扰动层、保存完好层、复杂觅食迹与摄食迹，都可以反映沉积速率缓慢。层面有钻孔（硬底）一般代表沉积间断（间断或缺蚀面），促使海底胶结。剧烈的生物扰动作用可立即出现在洪泛面之下，例如当砂岩被深海泥岩迅速覆盖时。具蹼状和逃逸构造的U形管穴则反映更为迅速的沉积。

遗迹化石也是沉积物坚实程度的标志，可分为五个阶段：稀底质、软底质、松散底、硬土和硬底（表5.6）。若沉积物较软，在纹层上形成的痕迹可传给下面的纹层（图5.80）。当潜穴被较粗的沉积物充填，或在成岩早期优先岩化时，周围的沉积物常常受到压实。在硬土中，压实作用较少，硬底则用钻孔和包壳生物来识别。

表5.6 基底类型及其遗迹化石识别

沉积物坚实度	原始沉积物特征	遗迹化石及其特征
稀底质	水饱和的，富含黏土沉积	高度压缩和斑点状的遗迹化石
软底质	松软的泥	结实、致密的潜穴，模糊的轮廓
松散底	弱分选的砂和粉砂	轮廓清晰的潜穴通常有衬里或压成片的壳壁，有点紧密
硬土	硬基底，如泥质砂岩	明显的潜穴轮廓，欠压实
硬底	海底胶结的沉积物，通常是石灰岩	钻孔切割沉积物和颗粒/化石、包壳化石及碎屑

层面上的遗迹化石可以显示优选方位，这反映当时水流的方向（例如双壳类的停息迹就显示这种特征）。某些遗迹化石（足印、U形潜穴和逃逸潜穴）还可用来指示地层上下关系。

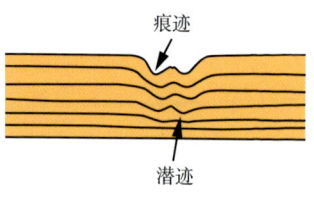

图5.80 动物在沉积物表面造成痕迹传到下面纹层形成的潜迹

5.6.4 根系层

植物根系以类似动物掘穴的方式破坏沉积层内部结构。根和根须很多都是垂直生长的，有些是水平生长的，许多是任意分支的。根常常碳化，呈黑色条纹状；大多数保存着印痕，但有些保存着砂岩构成的铸模（如*Stigmaria*）。根系层的存在说明植物原地生长和土壤发育，因而是地表条件。根系层之上可能出现煤层。

植物残骸易被搬运，因此沉积物中多富含植物。观察与根系有关的植物，聚集的植物碎屑如是由水冲来的，会有很多物质是植物的地上部分：叶、茎和枝杈。通常，生长于几米水深的海草，发育于古近—新近纪，它们的根系不能反映地表暴露。

生长在半干旱环境下的植物，土壤剖面内可发育钙质结砾岩，植物根系会在钙质结砾岩内碳化进而形成绕根结核（图5.63）。

5.7 沉积体几何形态和侧向相变

一些沉积岩单元可追索很大区域，很少看出其特征（即相）或厚度的变化；另一些侧向不稳定。研究沉积体几何形态如在露头上观察，应着眼于各个岩层或岩石单元；对于更大区域范围，重点研究沉积体或特殊岩相及相关岩相组合的形态。

5.7.1 沉积体几何形态

单独岩层或岩石单元的几何形态，侧向延展的称板状；界面是平面但厚度有变化的称为楔形；两个界面或二者之一是曲面的称为透镜状（图5.81）。在较大范围内，如果沉积体分布几平方千米到几千平方千米，长宽比约为1:1时称为席状（或毯状）；长度远大于宽度的长形沉积体，

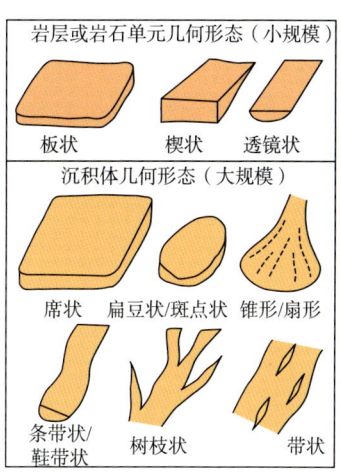

图5.81 岩层或岩石单元（几米至几十米规模）和沉积体（几千米或区域规模）常见的几何形态

如果无分支可称为线性沉积体（条带状或鞋带状），有分支则称为树枝状，分支复合的为带状。许多长条形砂体顺古斜坡下延，为河道充填物。长条形沉积体也可平行滨线，在海滨、障壁岛的发育中形成。沉积体可为不连续的实体，呈扁豆状或斑状，后者更适合描述礁灰岩。粗碎屑沉积物常在斜坡脚下形成扇形、楔形、裙形，例如冲积扇、扇三角洲、坡麓和海底扇沉积。

相由沉积岩的岩性、结构、构造和古生物特征来确定，在沉积序列中常有侧向和垂向变化。它可涉及确定岩相的一个参数或全部参数变化。横向变化可为突变，变化范围在几米至几十米，也可渐变，范围超过几千米。相变反映沉积作用的环境条件发生改变。

观测单个岩层和岩石单元的几何形态通常并无困难。在采石场或悬崖上沿层查看，追踪观察其形态，并做好记录和素描（或照相）。对于大型沉积体，如果露头像某些山区和无植被覆盖区那样好，就有可能直观看到沉积体形态与侧向变化，及沉积单元间的关系。若露头受限，要在几个或许多不同位置上对岩石序列相同的部分做详细记录。为了确保各个剖面相层位匹配，在岩石序列中必须找到侧向连续的岩层或相同化石带。如果对露头不好的地区发生侧向相变有疑问，应对全部可以利用的露头做好详细填图和记录，以证实相变。

5.7.2 地层关系——超覆与削截

从地震剖面研究来看，沉积体间的几种大规模接触关系，大概为超覆（上超、下超、退覆、顶超）和削截关系（图5.82）。因与相对海平面和可容空间变化相关（层序地层学概念），记录这些关系对层序有重要意义。然而，野外除非见到海岸、山腹或采石场露头，上述接触关系一般罕见；它们可能展现在区域地层研究和填图上。

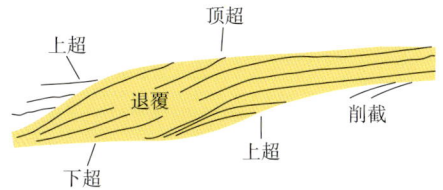

图 5.82 沉积单元超覆关系（上超、下超、顶超、退覆、削截）

下超可见于缓倾到陡倾的界面上（图5.36、图5.83），它们向盆内迁移至显著界面上。退覆是沉积物向盆内堆积（图5.84）。下超—退覆代表沉积单元由于正常或强制海退引起的沉积物的进积作用，

图 5.83 块体礁灰岩（微生物粘结灰岩）残留退覆的礁碎屑层下超在深水灰质泥岩凝缩层上

崖高40m，三叠系，加泰罗尼亚，西班牙

图 5.84 平缓斜坡上进积、退覆鲕粒灰岩

可识别几组，被明显的泥岩层分隔；采石面高40m，侏罗系，英国，约克郡

而且下超面自身通常是薄凝缩层或饥饿沉积面，并伴随大量生物扰动，也可能具有海绿石或磷灰石。直到被前推斜坡沉积物掩埋，它一直是一个少量或无沉积区。在某些情况下，斜坡地形（可见顶超）向陆地尖灭（典型正常海退）。另外，在退覆地层顶部存在削截，这是后期剥蚀作用的结果（常因为强制海退和基准面下降）。

沉积地层单元的上超是一种普遍存在的大型沉积样式，但在露头很少见。可在某些渐埋的具有地貌的地层、碳酸盐岩台地边缘或礁体地层单元观察到上超现象，在那些充填大型宽水道构造沉积，并向上在其边缘重叠的地层上也能见到上超现象，也可在超覆在倾斜面上的地层见到（图5.85）。但是，大规模上超可以通过确定大范围地层单元基底年龄来证实，上超明显在特定方向地层年龄年轻化，即以这种方式上超在下伏层之上。上超面（可能是一个不整合）自身特征也可能发生侧向变化，如顺着上超的方向可能变为一个更显著的古岩溶地貌或古土壤，这是长期演化的结果。这种类型的上超在海相地层中反映了相对海平面的上升（海侵），上超面可能是一个层序界面或海侵面。

图 5.85 沉积地层上超
浅水石灰岩和泥岩组内轻微不连续，由不整合面下地层的轻微倾斜引起；
崖高80m，侏罗系，马里卜，也门

削截面是地层在某个显著的层面之下被切断的现象。这种现象可见于较好露头区，而且一般具有较大规模，有必要研究大范围的露头，以便识别地层边界（不整合）的样式。削截界面是地层抬升、倾斜、褶皱或剥蚀的结果。削截面可以是上超面，与上覆、上超单元的年轻方向相比，界面之下沉积物年龄迅速变老。这反映了上超单元下的岩体剥蚀时间的增长（图5.85）。

对于地层单元间的这些大规模接触关系，仔细观察好的、大范围的露头区的界面，并依照以下几点操作：

（1）有无地层沿某一层面轻微倾斜？这可能是下超（下超可包含陡倾的倾斜地层，而且非常明显）。

（2）下伏地层至某一显著层面是否存在削截？这可能表明是不整合面。

（3）地层是否侧向超覆在下伏（可能轻微倾斜）某一显著层面？这是上超现象。

因为这些现象非常细微，因此需要仔细研究露头，可能要站远处或利用双目镜观察崖面这些特征。牢记地层单元之间的角度接触关系取决于横剖面，对于露头来说可能存在视角问题，如向上看高峭壁（图5.86）。

图 5.86 大规模斜坡沉积层

崖高50m，陆架边缘的米级块体石灰岩组成；白云岩，三叠系，意大利

第 6 章

野外化石

6.1 引言

化石是沉积岩石的重要组成部分。首先，化石可以用来解决生物地层问题，确定岩石序列的相对年龄和别处岩石序列的对比关系。把化石鉴定到种的程度是不易的，大多有待专家来做。然而市面上也有出版的各种化石手册，无脊椎古动物学论文集也可以用来鉴定化石。

化石在沉积岩的环境解释上用处极大。在这个意义上，很多有用的野外观察，非古生物专业工作者眼力敏锐就能完成。化石可指示水深、扰动程度、盐度和沉积速度，还提供古水流方向和古气候的资料。有时，沉积序列的全部环境解释可能就取决于找到的几种化石。甚至有时一种解释会被新发现的化石推翻。在野外观察化石应注意其分布、保存和与沉积物的关系、化石组合及多样性。

图6.1展示了从寒武纪至今主要化石组的分布、多样性及数量。在野外，前寒武系中只存在微生物，尤其是叠层石。

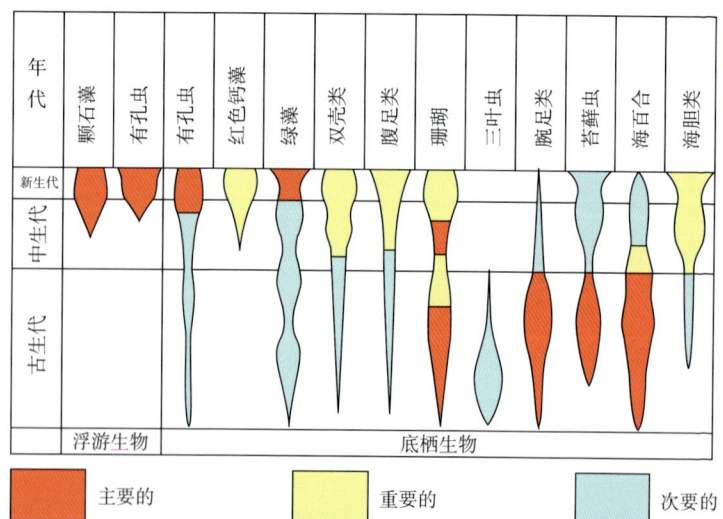

图 6.1 显生宙主要化石群分布、丰度和多样性（通过宽度反映）

化石野外研究项目如下。

(1) 化石在沉积物中的分布。

①主要是原地生长的化石。

(a) 化石是否构成礁?礁的特征是:群体生物;生物间有相互作用(如包壳生长);有原生孔洞(被沉积物和/或胶结物充填)和不成层的块状外观。描述群体生物的生长形式;礁内向上有变化吗?有些骨骼是否构成礁的骨架?

(b) 如不是礁,则确定化石是底表动物还是底内动物?对于底表动物要研究化石是如何保存下来的(例如覆盖)。

(c) 底表动物化石有无反映当时水流的优选方位?如有应测量。

(d) 化石在底层上包壳吗?底层是硬底吗?

(e) 植物遗体是不是根系?

②不是原地生长的化石。

(a) 化石聚集成囊状、透镜体、侧向延展的层,还是在沉积物中均匀分布?

(b) 化石是否产于特殊岩相?不同岩相的动物群数量上有差别吗?

(c) 如果化石集中产出,破碎的和脱铰的化石占多大比率?保存有微细的骨骼构造(如贝壳上的壳针)吗?观察化石的分选性和磨圆度,寻找叠瓦排列、粒序层理、交错层理、冲刷基底和底面构造。

(d) 化石显示优势方位吗?如果有,要测量。

(e) 化石有钻孔和包壳吗?

(f) 注意生物扰动程度和出现的各种遗迹化石。

(2) 化石组合和多样性。

①估算不同化石类型在层内或层面上的相关丰度,确定化石组合的成分。

②剖面上各层的化石组合相同吗?存在几种不同的化石组合?各组合与不同岩相有关系吗?

③研究化石的再加工和搬运程度,化石组合代表该区的生物群落吗?

④研究化石组合的成分。例如组合中是否只有几个种类占优势?它们是广盐性还是窄盐性生物?某些化石类型因其缺乏值得注意吗?所有各类化石都有相似的生活方式吗?深海类型占多数吗?底内生物缺乏吗?

(3)生物骨骼的成岩作用。

①原生矿物保存下来了还是骨骼被交代了,如白云岩化、硅化、赤铁矿化、黄铁矿化等?

②骨骼溶去后留下铸型吗?

③化石优先产在结核中吗?

④化石是原形的还是压实过的?

6.1.1 宏观化石

宏观化石是指那些体型较大、在野外能够轻易看到的化石,有经验或古生物学知识的人能相对容易地鉴别出它们所属的种群,在一些情况下甚至只适用一个种名。在海相古生界中容易识别的常见化石种类有三叶虫、笔石、腕足动物、腹足类、菊石、直形壳、四射珊瑚、床板珊瑚、苔藓虫、层孔虫、海百合。中生界中常见的化石有腕足动物、双壳类(白垩系砾屑岩)、腹足类、六射珊瑚、海百合、海胆类(尤其在白垩系中)、菊石、箭石和钙藻类。在新生界中,可以找到大量的双壳类和腹足类,还有六射珊瑚和钙藻类。其他宏观化石群,像脊椎动物群和甲壳类动物群很少能找到。植物化石在有些地层中是很多的,当然通常不是海相的。

6.1.2 微观化石

这些化石通常不是在手标本上看,除了在一些特殊的情况下。如用放大镜观察颗粒(例如有孔虫和放射虫),或通常情况下大型微化石发育的地层,例如始新统岩石中的货币石有孔虫。野外采集0.5~1kg的样品对于实验室内微化石的提取通常是足够的。微化石可以在岩石薄片中研究,但是许多需要整个提取出来用双目显微镜观察或者用电子显微镜扫描(SEM)。古生界中牙形石都被消溶的石灰岩包裹在稀的酸性物质中,后泥盆系中的孢子用HF(氟化氢酸性物质,但是要注意安全!)提取。有孔虫类、介形类等可以从弱胶结的上白垩统和泥岩中通过压碎、筛选、超声波或者重复的煮沸和冰冻提取出。具体技术见微体古生物学教科书。

微化石在以相和年龄为基础的生物地层关系方面有独特的作用。它们也可以用来做古环境的研究,区分海相和非海相,或者高盐度和低盐度,以及浅水和深水沉积。

6.2 化石的分布与保存

研究或记录一个沉积序列时,应注意化石的分布。整个岩石单元的化石可以均匀分布而不优先聚集在一定层位或个别层内,这种情况只有在沉积物处处均一时才会出现。图3.3可用来估算现存化石的比例。

化石常常分布不均,它们在某些层状体、透镜体中或生物凸起(如生物礁)中优先产出。介壳灰岩(和介壳层)这个术语经常用于壳类堆积体。常常调查所见化石类型,确定其相对分布情况。看看化石类型与岩相有无相关性。化石在特定范围内聚集,可能是水流活动或在有利环境中优先生长的结果。

化石在岩层内可呈水平状、倾斜状、垂直状、叠瓦状、叠层状和巢状等多种方式分布（图6.2、图6.3）。根据水流的流向和分选，可判断岩层剖面处是否存在化石以及化石指示的古地形条件。

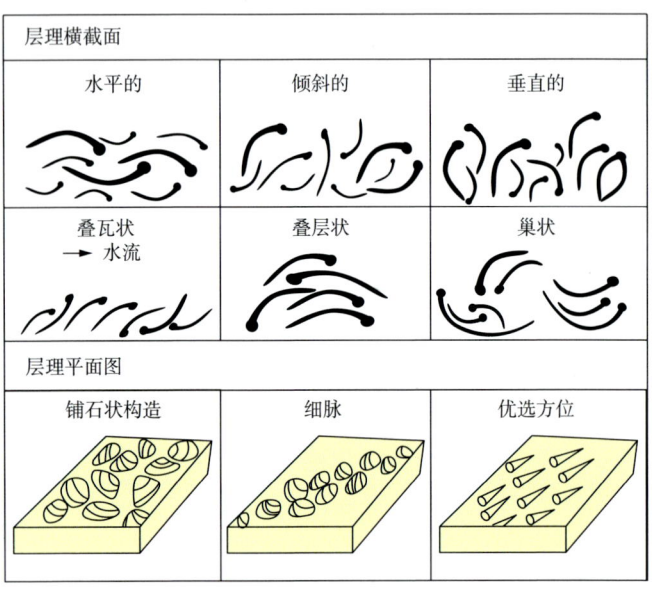

图 6.2 沉积岩中的化石在层面及剖面上的不同排列方式

图 6.3 风暴层内脱铰的双壳动物壳

注意壳类在层内的排列情况：凸面朝上、叠瓦状、凸面朝上巢状，反映了潮流作用的变化；层厚为10cm，临滨生物碎屑灰岩，澳大利亚西部，更新统

化石可以呈一定厚度的毯状或面状平铺在岩层之上，或者在表面形成一个线性构造，因为水流作用而集中呈细脉或低的山脊状（图6.2）。

6.2.1 原地聚集的化石

在有利条件下，化石可以原封不动地保存下来，几乎没有损坏或脱铰。至少沉积物中一些供它们生存的有机质会保存在它们的居住地。通常在生长原地产出的化石包括腕足动物（图6.4）、某些双壳类（特别是厚壳蛤类）、珊瑚类（图6.5）、苔藓虫和层孔虫。联系出现的实体化石，考察底内动物活动的一般范围（生物扰动和生物遗迹构造的数量；见图5.69）是有价值的。

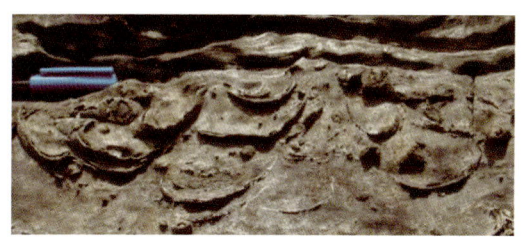

图 6.4 原地生长的腕足类动物（上凹的）
图示范围24cm×10cm，中陆架粒泥—泥粒灰岩，英格兰东北部，中石炭统

图 6.5 原地生长的珊瑚群
也有翻转的腕足动物壳（上凸状），图示区域为15cm×10cm，中陆架粒泥—泥粒灰岩，英格兰东北部，下石炭统

化石可以组成生物礁（最常见的是生物建隆）。其中，大部分化石处在生长原地，可能有些生物交相掩映生长。原地聚集的化石，群体生物可占主优势，岩石外貌显示不成层的块状特征（见图3.11、图3.12、图5.83）。化石因为其周围环境条件的不同（见图3.13）通常有不同的生长模式（形态），因此在生物礁内部也会出现向上的变化。孔洞在礁灰岩中是常见的，大小孔洞都可被内部充填物和方解石胶结物充填（见图5.41、图5.44）。

异粒集合体是因为泥砂极少而形成的化石沉积。化石可能被钻孔、被包裹或被磷酸盐化，可能出现鲕绿泥石、海绿石等自生矿物。这些地层通常是高密度的，生物带容易缺失。

6.2.2 流水聚集的化石

经流水聚集的骨屑物质可以以多种形式出现。骨骼碎屑经风暴流的运输形成了风暴层沉积（也称为风暴岩，见图5.29），侧向稳定，并且具有明显的冲刷基底。风暴层或显示正粒序、颗粒分选好和纹理清楚；或分选不好，各级粒度广泛混杂，沉积物具有"倾卸堆积"的外貌，无内部构造。可以参考图6.2分析化石在风暴层中的排列；图6.3为一典型案例。

微弱水流的簸选作用，清除掉较细泥砂和骨粒，也可使化石聚集起来。这种化石滞留堆积一般呈延续不好的透镜体，也可以产在浅海陆棚碳酸盐岩序列中，尤其在海侵岩表面。富含化石的岩石还可以由迁移的潮汐水道对沉积物进行再搬运产生。

水流活动和再搬运的程度影响破损的和脱铰的碳酸盐骨屑在化石聚集体中所占的比例。随着水流湍急程度的增高，化石从保存完好（全部细微构造完整，并连接在一起）逐渐变为保存不好（化石遭磨损且破碎）。对于具体化石应观察以下各点。

(1)海百合:茎的长度以及所有茎板是否分离,萼如存在,是否与茎连在一起。

(2)双壳类、瓣鳃类、腕足动物和介形类:壳瓣是否脱铰?如连接在一起,壳瓣是张开还是闭合的?如脱铰,每种壳瓣是否数量相等?壳瓣上是否存在优势线还是具有各向一致性(图6.3和图6.6)。

图 6.6 含有脱铰双壳类的具有双向交错层理的砂质灰岩
注意大多数壳类凸面的排列(这是水流中最稳定的部分),大多数的壳类已经被溶解,因为原本就是由相对不稳定的矿物组成;视域为20cm×30cm,澳大利亚西部,更新统滨岸生物碎屑灰岩

(3)某些腕足类和双壳类:用于固着的壳刺是否仍与壳体相连?

(4)三叶虫:外骨骼是否完整(例如只有尾部)。

6.2.3 优选定位

长形贝壳或骨屑受水流影响,其长轴往往具有优选方向(图6.7)。这种线状排列可以平行于水流方向,如骨屑受到滚动,也可垂直于水流方向,但不多见。两种排列都有可能发生(图6.8)。海百合茎、笔石、竹节石类、长条形的双壳类、塔状的腹足类、单生的珊瑚、箭石、直形壳状鹦鹉螺和植物碎片等化石常作优选排列。有些方位可以代表生物生活期间的水流方向。层面上有长条形化石聚集时，需要测量其方位。

图 6.7 按优势方向排列的笔石

图示区域15cm×10cm，威尔士，奥陶系近海深水泥岩

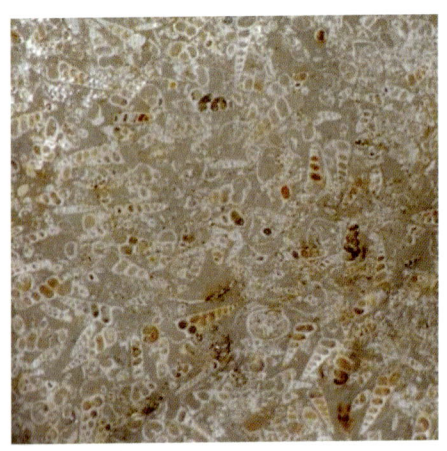

图 6.8 塔状腹足类因水流作用影响表现为两个优势方向

图示范围为10cm×10cm，澳大利亚塔斯马尼亚，古近—新近系生物碎屑泥粒灰岩

6.3 化石组合和多样性

6.3.1 化石组合

现存的化石及其相互关系能为环境分析提供有用的资料。首先要估测不同类型化石的相对丰度,定性地测定化石组合。为了准确分析化石组合,需把大块沉积物精心破碎,并鉴定计算。这项工作最好在实验室进行。如能找到好的层面露头,可在一个正方形内(一般取$1m^2$的特定面积)统计各种化石数量。可用直方图或饼状图将数据表现出来。

通过仔细分析一个剖面上不同层的或一个地区同时代不同岩相的化石组合,能看出组合的变化。组合可按其主要成员描述,要选出一个或几个已知的特殊类型。例如,编号的珊瑚群(通常在下石炭统石灰岩中)、海胆类—穿孔贝型—海绵群(通常出现在上白垩统)。

化石组合也是死亡组合。很多化石组合是由生活在不同地区的动物遗体组成的。骨屑被水流带到一起,所以一般由破碎的和脱铰的骨骼组成。有些死亡组合由生活在相同地区的生物骨骼组成。这时,在生长原地可产出某些化石,骨骼迁移最少。礁和岩隆是原地死亡组合的最好实例。

生物死后,如果骨骼很少迁移,则化石组合可代表生长地区的生物群落。生物群落可用如同化石组合那样的主要种来表示,也可参照岩相来描述(例如泥砂群落)。把化石组合归因于生物群落是重要步骤,因为生物群落受环境因素制约,生物群落的变化标志着环境的变化。生物群落一经确定,就有可能考察存在的种,进而推断不同生物在该群落中起的作用。

应该记住，化石记录很多（不是大多数）未能保存下来，容易保存的显然是动物的硬体部分。研究群落时，应当想到那些只有间接证据或者没有证据的动植物。这时，遗迹化石、团粒、粪粒和藻类纹理倒是重要的依据。另外，不断有证据表明，在显生宙的某时期的浅海地区，由文石组成的生物格架优先发生溶解，最终仅有钙质化石保存下来。

要查看化石组合的一个特征是有无包壳生物和钻孔生物存在。大块骨屑可作其他生物的底质，牡蛎、苔藓虫、藤壶、某些无铰腕足类、藻类和龙介蠕虫常常在别的生物骨骼上包壳（图6.9）。钻孔动物如龙介虫、石蛏双壳类和海绵可破坏骨骼和其他坚硬的底质，例如硬底表面（见图5.47）、砾石和岩石表面（例如在不整合面；见图5.79），造成特殊的孔和管。骨骼被钻孔和包壳多发生在沉积速度低的环境，沉积物里的潜穴在这类环境中也较常见。

图 6.9 海胆类介壳被龙介虫管、苔藓虫、牡蛎包裹
图示区域7cm×5cm，英格兰西部，上白垩统

6.3.2 化石指示环境

化石组合中物种的数量和类型由环境因素决定。这些因素（水深、盐度、搅动强弱、底质条件、氧化作用等）最佳时，物种类型就最多。底内底栖生物、底表底栖生物、自游生物和浮游生物都会出现。当有环境压力时，物种数量就要减少，动物群和植物群的某些成员就会消失。但这时适应环境而生存下来的物种将大量繁殖。随着深度增加，深海化石例如鱼、笔石、头足类、浮游有孔虫、海浪蛤类双壳类和某些介形类将占统治地位。

6.3.2.1 化石和矿化度

随着盐度比正常海水盐度升高或降低，许多生物种类最终被全部淘汰。能适应正常海水环境的（窄盐性的）只有珊瑚、苔藓虫、层孔虫和三叶虫；此外，还有许多其他生物的具体属、种也属窄盐性。有些类型（广盐性的）能适应很高的盐度，如某些双壳类、腹足类、介形类和轮藻类。如沉积物含有大量的这类少数物种，应属于超盐或低盐条件。有些情况下，随着盐度的过高或过低，生物骨骼的形状和大小都要发生变化。蒸发盐假晶是超盐条件的极好标志。

6.3.2.2 化石和深度

沉积构造和沉积相是推断沉积深度的重要指示标志；化石也是，但是几乎没有任何方法是精确的。许多底栖生物化石（腕足类、双壳类、腹足类和珊瑚等）都是近岸扰动浅水环境的典型指示标志，深度小于20m，虽然它们也可能在深水环境中出现，但是通常都是小规模的。其他化石则多指示较为安静的泥质大陆架环境。随着深度的增加，底栖生物化石大量减少，深海浮游化石更为常见。在透光带，100~200m（取决于海水清澈度），可以通过海藻的消失而识别，但是实际上很少有藻类可以在这个深度存活下来。

在深水地区，文石补偿深度（ACD）是下一个临界值，在数百米到2000m的范围内，在这个深度之下文石的壳体难以保存，只能找到石膏类的化石。深海石灰岩中的菊石可以通过这种方式保存（图6.10）。方解石的补偿深度（CCD）有几千米，在这个深度之下没有钙质的化石出现；硅质页岩和燧石是仅有的非钙质化石的典型沉积物（例如放射虫和含磷酸盐的菊石）。

图6.10 文石补偿深度之下保存下来的无壳菊石
图示区域为20cm×30cm，深海灰质泥岩，侏罗系菊石，意大利

6.3.2.3 化石（和遗迹化石）及氧

海水和沉积物孔隙水中氧的含量是决定有机质种类、保存和沉积相的重要依据。根据氧含量的增加依次划分出五个沉积相带：厌氧带、半厌氧带、贫氧带、半喜氧带、喜氧带。其遗迹化石、实体化石和沉积构造组成各不相同（表6.1）。氧化程度由水循环、有机质、沉积物供给速率以及水体深度决定。

表 6.1 化石、遗迹化石、与氧化作用相关的相

与氧化作用相关的相	实体化石	遗迹化石	沉积物
厌氧的	无底栖生物化石,有保存较好的深海化石	无爬痕或潜穴,粪便	成层性好、富含有机质、黑色
半厌氧的	少量的底栖生物化石,有保存较好的深海化石	微小的生物扰动、粪便	成层性好、富含有机质、黑色
贫氧的	一些原地浅水大化石,小尺寸,多样性低	一些浅水钻孔、一些爬痕	层状的深灰色泥岩/砂岩
半喜氧的	多样性低,小的大型底栖生物化石,壳薄	更多的浅水钻孔、一些更深的爬痕	生物扰动纹理、灰色泥岩/砂岩交错层
喜氧的	多样的,大的大型底栖生物,壳重	遗迹化石大量出现且多样、堆叠	生物扰动地层,还有其他一些沉积构造、波痕、交错层理等

典型的化石及其出现的主要海相环境见表6.2。

表 6.2 海相主要化石组成和保存情况

相	岩性	化石	多样性	丰度	埋藏学
潟湖相	细粒碎屑和碳酸盐、一些来自陆架的风暴粗粒沉积	双壳类、腹足类、介形虫,常见遗迹化石	低	变化的,但是可能很高	原地动物群、一些壳层、一些由风暴作用混入的陆架化石
障壁和礁后	砂岩/粒屑灰岩+交错层理(SCS,HCS)	腕足动物、双壳类、腹足类、生物潜穴	低	通常很低	原地动物群稀少、骨架碎屑
滨岸线、海滩和临滨	在风暴层中有砂岩/粒屑灰岩、泥岩	腕足动物、双壳类、海百合、海胆类、珊瑚,许多生物潜穴	变化的	中等—高	贝壳灰岩、贝壳滞留沉积、稀有的原地生物沉积

续表

相	岩性	化石	多样性	丰度	埋藏学
临滨/内中陆架	基本上是泥岩、薄的风暴层	腕足动物、三叶虫、双壳类、腹足类、海百合、菊石	变化的	低	原地动物群,少见滞留沉积和贝壳灰岩
大陆架外	生物礁石灰岩	珊瑚、苔藓虫、层孔虫、软体动物、海绵动物、腕足动物、藻类	高	高	原地动物群、生物骨架碎屑、贝壳灰岩
斜坡和盆地	泥岩、浊积砂岩和石灰岩	远洋动物(菊石、有孔虫等)、再沉积地层陆架化石	低	变化的,可能很高	远洋和原地动物群、生物骨架碎屑

6.4 生物骨架保存(化石埋藏学)和成岩作用

化石骨屑的原始成分在成岩阶段往往要发生变化。很多碳酸盐骨骼由文石组成;在动物活着时也由文石组成。大多数这类化石在正常沉积事件中,其文石已被方解石交代。其他交代化石的矿物有白云石、黄铁矿、赤铁矿和二氧化硅。有时,化石可被全部溶去,仅留下铸型;这种情况,对于由文石组成的化石优先发生(图6.3和图6.6),在石灰岩白云岩化作用过程中,一些化石,特别是那些由方解石组成的化石,更稳定并且更容易被完整地保存下来。

在少数情况下,生物碎屑在海底就被溶解。这种情况通常发生在深水环境的文石化石上,沉积作用发生在文石补偿深度之下方解石补偿深度之上(图6.10)。化石可能被方解石化石或锰铁结壳包裹。

如果泥质岩系中有成岩早期结核,结核内含的化石可以保存得好一些,因为和周围泥质岩里的化石相比,受到的压实作用较轻,结核作用能优先围绕化石进行，在化石周围优先形成结核。例如，沉积物中鱼的腐烂，可以形成一种微化学环境，有助于矿物沉淀。在泥岩中出现的菊石通常包裹在钙质结核中（图6.11）。

图 6.11 钙质结核中的菊石
注意菊石不是致密的而是块状的，外壳部分被黄铁矿交代（指示沉积物内部为缺氧环境），在外壳内充填着白色的方解石结晶体，英格兰东北部，侏罗系

第 7 章

古水流分析

7.1 引言

古水流的测量是沉积岩研究的一个重要部分，因为它们能提供古地理、古斜坡、古水流和古风向的信息，并且它们在相的解释上也有作用。野外古水流的测定应该成为一种常规程序；古水流方向是岩相的重要特征并且对它的完整描述是必要的。

沉积岩的许多不同特征能用来作为古水流的指示。一些构造记录了水流的运动方向（方位角），反之其他只记录了运动的线路（趋势）。沉积构造最有用的是交错层理和底面构造（槽模或沟模），但是其他一些构造也能给出可信的结果。

7.2 古水流测量

对一个岩层或岩石序列，测量得越多，得到的古水流方向越准确，尽管其中一个重要的考虑是测量的多样性（离散性）。

首先，对露头进行评价。如果只有一种岩相，测量可在任意岩层或所有岩层内进行。如果一层（或一个露头上的许多岩层）的测量结果很近似（单峰古水流模式；图7.1），测量大量数值就几乎无意义。在露头上测出20~30个数据会得出足够精确的矢量平均值。随后，还应在附近和远些范围找相同岩相的其他露头测量，以便得

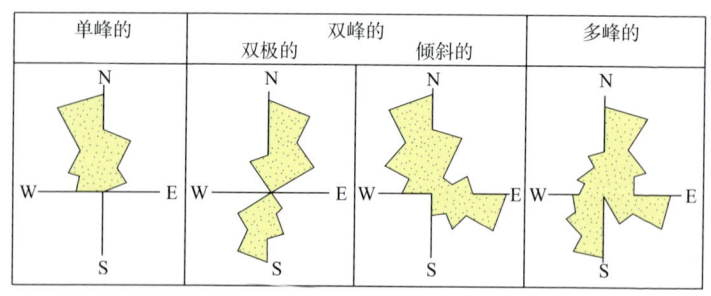

图 7.1 古水流模式的四种类型

以间隔30°的数据绘成玫瑰花图，通常以流向表示古水流方位，比如图中单峰古水流模式表示的流向为从南向北

出这一区域的古水流模式。

如果一个层内的读数变化很大，需搜集大量数据（20个以上或是50个以上，由数值离散程度决定），才能确定平均方向。

来自不同沉积构造的测量数据要分别处理，至少在开始时应当如此。数据如很近似，可把它们组合起来。同一个露头不同岩相的数据也要分开，它们可能是不同类型的或不同方向的水流沉积的。测量数据应在野外记录簿中列表记录（图7.2）。

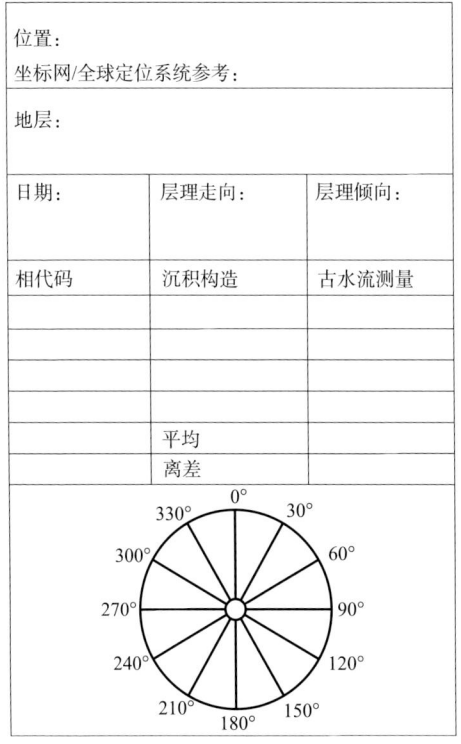

图 7.2 古水流数据形式表

如果需要交错层的倾斜数据，那么另增一栏；如果地层倾斜超过10°，那么构造倾向的校正需要借助如交错层理一类的平面构造，如果超过了25°，则需要借助如沟痕一类的线性构造，如果是这种情况，那么表上增设线性构造的倾角和倾向或者交错层的倾向和走向栏

如果沉积构造的形态或方位（或两者）经构造作用改变了，测量数据就不能代表水流方向。鉴别出可能发生的两种变化：倾斜和变形很重要。倾斜是指沉积构造所在的平面发生偏斜的简单变化，它不改变沉积构造形态。变形是指沉积构造形态的变化。

为了从倾斜层的构造中确认古水流的方向，就有必要去除倾斜的影响，下文描述了一个简单做法。对于变形的沉积构造，消除影响则不简单，需要仔细查明含有沉积构造的岩体受过的应变；具体做法介绍已超出本书范围，但是相关描述能在构造地质学的书上找到。变形岩体的明显标志是存在节理、小褶皱、变质组构和变形化石这样一些证据。

7.2.1 构造倾斜测量的校正——线性构造

下面的几个步骤用来校正倾角超过25°的如槽模或沟模或剥离线理一类的线性构造的趋势（图7.3）。

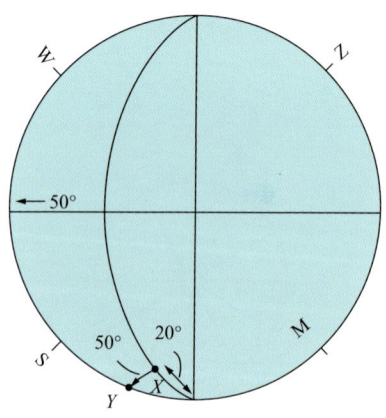

图 7.3 校正构造倾斜的线性构造方位的一个例子

一套岩层产状为225°∠50°，并且有向南东方向倾斜20°的沟模或水流线理的线性构造；这套岩层在球面投影网上被画成了一个大圆，并且构造的倾角被标注在了圆上（X）；这套岩层被恢复成了水平状态，并且构造沿着小圆赋予其原始方位Y点；回转后，Y的方位角是155°

（1）首先测量层面（或底面）的倾向（或走向）和倾角；然后测量构造的延长部分和层理走向之间的锐角（这就是构造的倾斜角或倾角），并且记录构造的倾向。

（2）利用岩层的倾角和倾向，用球面投影网把层理画成一个大圆。为此将描图纸放在网格上，画一个圆并且标注出东南西北以及中心点；在圆上标出倾向（网格上的圆周），然后转动描图纸以便这个标注能在网格的东西方向（赤道）线上；计算圆周上标注的岩层倾角并且利用网格上画好的线画出大圆。

（3）在大圆相应的端上标出沉积构造倾向和层面走向的锐角（即倾角）。为此，让这张纸处在画大圆时候的同一位置（赤道线上的倾向），然后计算从大圆相应端到构造倾斜指向的一端之间的投掷角。

（4）从大圆上投掷角的点沿着小圆移动到网格圆周上最近的点并且标注这个地方。

（5）最后回转描图纸到就球面投影网（北北重合）而言的原始位置上，并且读出构造的新方向。对如槽模之类的非对称线性构造而言，方位角是能得到的，然而有些构造如沟模和水流线理只给出了一个趋势，水流也可能是来自于相反的方向。

图7.3可看作一个工作实例。

7.2.2 构造倾斜测量的校正——平面构造，特别是交错层理

下面的步骤可以用来确定倾斜改变超过10°的平面构造（特别是交错层理）的原始方位和倾角。

（1）首先测量一个层理面的倾向（或走向）以及倾角，然后测量一个交错层理的倾向（或走向）以及倾角。

（2）用球面投影网绘制出层面极点。为此，将描图纸放置在网

格上，画出圆并标出东西南北以及中心点。在圆上（网格上的圆周）标出倾向的点然后回转描图纸让该点到网格的东西线（赤道线）上；从网格中心点沿赤道线远离圆周上的倾向点计算岩层的倾角。该点就是下半球上层理的极点。

（3）用同样的方法绘制出另一个交错层的极点（让描图纸重新从北开始以保持和球面投影网一致）。

（4）通过旋转描图纸将层理的极点搬到网格的赤道线上，并且（理论上）移动极点到网格中心上，恢复层理到水平位置；然后沿着小圆移动另一个交错层理的极点使它位于上方，在相似的方向上，利用和层理倾角相同的度数作出一个新的点。

（5）回转描图纸到和网格相关的原始位置上（北北重合），并且通过画一条线，从中心点穿过交错层理的新极点位置到圆周上读出新的方向。这个方位角就是交错层理的原始方位（倾向）即水流方向。

（6）交错层理的原始倾角可由旋转描图纸获得，所以交错层的新极点位置在赤道线上，然后记下从网格中心到新极点位置的度数。

图7.4可视作一个工作实例。

最后，注意：如果倾斜的岩层是褶皱的一部分，该褶皱轴又是倾斜（即倾伏）的，必须在消除倾斜之前，先把褶皱轴转到水平位置，以改变倾斜方位。完成这些校正后，能肯定古水流方向就是其形成时的方向吗？遗憾的是不能，因为有可能存在地层关于垂直轴的转动，这些转动很少能确定。

7.3 古水流构造测量

7.3.1 交错层理

这是最有用的构造之一，但是首先要确定存在哪种类型的交错

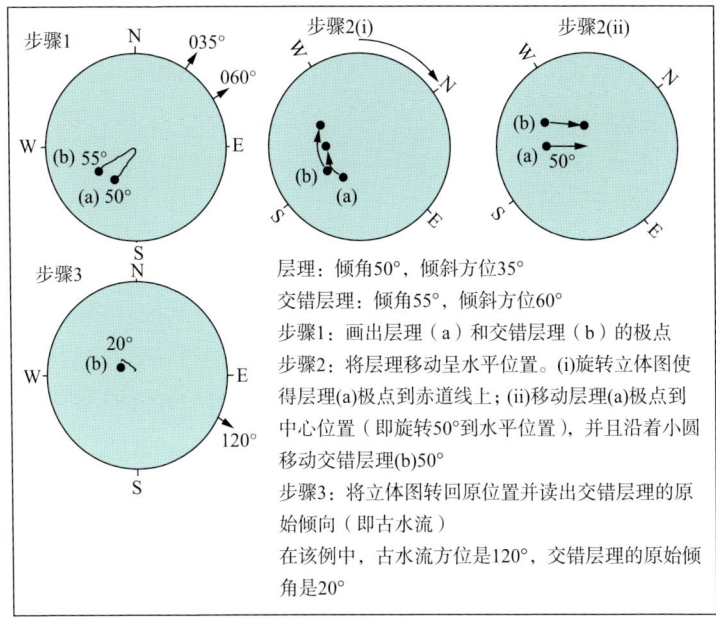

图 7.4 利用球面投影校正交错层理的构造倾斜

层理。如果交错层理由水下沙丘或沙浪（大多是这种类型）和风成沙丘的迁移形成，那么其非常适合古水流（或古风向）测量。查明交错层理是平面（板状）类型还是槽状类型（见图5.16）。

对于平面交错层理，古水流方向可以简单地靠最大倾角方向确定。如果露头是一个三维的，或者二维显示层理面，那么直接测量就不会有问题。如果只有一个垂面显示交错层理，那么得到的读数就不太让人满意，因为这只是测量的面的一个方位，不见得恰好是古水流方向。仔细观察岩石表面可能会看见一点点的交错层面，这样就可确定实际倾斜方位。如果连这点也不能做到，就只能测量岩石表面的方位而无其他选择了。

对于槽状交错层理，最基本的要有三维露头或有层面部分的露头，以便看清交错层的形态，准确测出沿槽轴的倾斜方向。由于槽状交错层的形状，垂直部分可以显示从真水流方向倾斜到90°的交错层理。槽状交错层理的垂直部分对古水流方向测量不可信，应该只作为最后一种手段。

7.3.2 波纹与交错纹理

古水流方向容易从水流波纹和交错纹理中得到。波纹的不对称性（顺流的背水一侧较陡）与交错纹理的倾斜方向很容易测量。然而，波纹与交错纹理往往由不能反映区域古斜坡的局部方向的水流形成。例如，在浊积岩层里，岩层的交错纹理可能在方位上发生很大变化并且与底面构造记录的古水流方向有本质上的不同。这种交错纹理形成于浊流减慢后在海底蜿蜒或缓慢曲折流动时。如果没有其他更好的指示方向的构造（交错层理或底面构造）存在，虽然存在缺点，测量波纹和交错纹理的方位总是有价值的。

浪成波纹是记录了局部滨线走向和风向的小型构造；应测量它们的脊线方向，或者如果可见其内部交错纹理，还应测其倾斜方向。

7.3.3 底面构造

槽模指示了水流方向；某些刻痕也能指示水流方向，即使不然，至少也可标示流动路线；沟模提供水流流动路线。槽模通常指向同一方向，所以一个岩层只需测量少许几次，加上其他几个岩层露头的测量数据就足够了。对沟模而言，方位可能会发生本质上的变化，并且需要测量大量的数据（超过20个），以便能计算每个岩层的水流矢量平均值。

7.3.4 碎屑和化石的优选方位以及叠瓦状构造

延伸率至少为3∶1以上的砾石和化石能平行或垂直于主水流方

向排列（见图4.7、图6.7和图6.8）。检查这类优选方位，如果你怀疑或见到了它的存在，测量并用充分的数据（20个读数或更多）来作出延伸方向的图。在很多情况下，利用一个模型，会得到平行于主水流方向的双峰式分布。砾石、颗粒和化石大多提供流动路线或趋势；用某些化石，例如双锥头足类动物、箭石以及高螺旋腹足类生物，可以得到水流运动方向（尖端优先指向上游）。叠层石丘和柱可能是非对称的，因为迎向来水和波浪的一面利于生长。

砾岩中的扁平砾石和有些化石可能表现出叠瓦状构造，它们相互重叠在一起并且倾向上游方向（见图4.8）。

7.3.5 其他指向性构造

剥离线理记录了水流趋势并且在测量上毫无问题。水道和冲刷构造同样能够保存古水流趋势。滑动褶皱记录了古斜坡向下滑塌的方向（褶皱轴平行于古斜坡的走向，背斜使下斜坡倒转）。岩层上的冰川擦痕指示了冰块的运动方向。

7.4 成果展示以及矢量平均值的计算

将古水流测量值以10°，15°，20°或30°间隔（取决于读数的数量和变化）进行分类，并且沿着半径为读数选择一个合适的比例尺作出玫瑰花图。对指示水流方位的构造数据来说，玫瑰花图习惯上展示了水流方向（对比于风玫瑰花图）。对指示水流趋势的构造数据来说，玫瑰花图将是对称的。为了便于展示，在读数的位置，小型玫瑰花图可以放柱状剖面图的旁边。

尽管主要古水流（或古风）方向在玫瑰花图上显而易见，但是为了准确起见，有必要计算出平均水流方向（即矢量平均值）。计算数据的离差（或方差）也是有价值的。矢量平均值和离差只有单峰古水流模式（图7.1）可以进行计算。然而，如果得到的是两个水流方向很明确的双峰分布，那么可以将数据分离成两个部分并且计算出两个矢量平均值来找到每个水流的主要方向。

为了推论出指示方位的构造的矢量平均值，每次观测都被认为应该包含方向和大小两个方面（大小一般取1，但是它能被加权）；每个向量的北南和东西分量分别用方位角的余弦和正弦乘以大小来计算。因此，作一张表（或者用计算器）查询每个古水流读数的余弦和正弦值；把每栏加起来，用东西分量除以南北分量得到合成矢量的正切就是矢量平均值。用计算器将正弦值转换成角度；这就是矢量平均值——平均古水流方向。

$$东西分量 = \sum n \cdot \sin \sigma$$
$$北南分量 = \sum n \cdot \cos \sigma$$
$$\tan \overline{\sigma} = \frac{\sum n \cdot \sin \sigma}{\sum n \cdot \cos \sigma}$$

式中 σ——每次观测的方位角，$0° \sim 360°$；

n——观测向量大小，通常为1，但是如果数据分为若干组（$0 \sim 15$，$16 \sim 30$，$31 \sim 45$等），那么它就是每类观测值的数量；

$\overline{\sigma}$——合成矢量的方位角（即矢量平均值）。

如果只能测量趋势，那么每个在$0° \sim 180°$范围内的观测值在计算分量前应该乘以2：

$$东西分量 = \sum n \cdot \sin 2\sigma$$
$$北南分量 = \sum n \cdot \cos 2\sigma$$
$$\tan \overline{\sigma} = \frac{\sum n \cdot \sin 2\sigma}{\sum n \cdot \cos 2\sigma}$$

矢量平均值的大小（r）指示数据的离差，它与线性数据的标准差或方差相当：

$$r = \sqrt{\left(\sum n\sin\sigma\right)^2 + \left(\sum n\cos\sigma\right)^2}\text{（对于有方位角的数据）}$$

$$r = \sqrt{\left(\sum n\sin\sigma\right)^2 - \left(\sum n\cos\sigma\right)^2}\text{（对于无方位角的数据）}$$

用百分率（L）计算矢量平均值的大小：

$$L = \frac{r}{\sum n} \times 100$$

矢量大小100%表示所有观测值要么是相同的方位角，要么就是在有相同方位角的组中。矢量大小0表示分布是完全随机的，这种情况下就不会有矢量平均值。

关于测试二维方向分布的意义的更深入讨论和方法见Potter 和Pettijohn（1977）。矢量平均值在野外工作后的当晚很容易就可以计算出来了，然后录入地质图或沉积柱状图中。同时，处理前的数据也需要保留下来。

7.5 古水流模式的解释

古水流模式有四种（图7.1）：

（1）单峰水流模式——只有一个主水流方向；
（2）双极双峰水流模式——两个相反的方向；
（3）倾斜双峰水流模式——两个主水流方向夹角小于180°；
（4）多峰水流模式——存在几个主水流方向。

古水流模式的分析需要结合岩相研究，以便获得最多资料。主要沉积环境——河流、三角洲、风成砂、滨线浅海陆棚以及浊积盆地的古水流（或古风）模式的特征见表7.1。

表 7.1　主要沉积环境的古水流模式以及最好的或其他指向性构造

沉积环境	指向性构造	典型分布模式
风成	大型交错层理	通常单峰模式，双峰和多峰也有发育；取决于风向和沙丘类型

续表

沉积环境	指向性构造	典型分布模式
河流	交错层理、剥离线理、波纹交错纹理、水道	向古斜坡下方的单峰模式,离散性反映了河流的弯曲程度
三角洲	交错层理、剥离线理、波纹、水道	指向远滨的单峰模式,如果海洋作用明显也发育双峰和多峰模式
海洋大陆架	交错层理、波纹、化石方向、基于风暴沉积的槽模/沟模	由于潮汐来回的水流,通常为双峰模式,但是可能与滨线垂直或平行;单峰或多峰模式
浊积盆地	槽模、沟模、剥离线理、波纹	通常为单峰模式,浊流沉积沿着下坡或盆地轴线;等深流平行于斜坡等深线

在河流相里,为了还原区域古斜坡,古水流最好从最大的交错层上测量。更小的构造如波纹和剥离线理上得到的方向通常表示处于低阶段的河流的少部分水流,并且不反映大尺度的古地理。如果有侧积面的存在,那么也需要测量它们来推断曲流作用的方向。辫状河沉积倾向于还原离散性较低的古水流方向;曲流河相则表现出更大范围的方向(表7.1)。

三角洲相由于三角洲的类型以及河流动力和岸流动力的作用(舌状三角洲和长形三角洲)而表现出多样性的古水流模式。在河流主导的系统下,根据三角洲类型将得到具有离散性的单峰水流模式。海洋对三角洲前缘砂改造的地方很重要,多峰水流模式可能会由波浪和潮汐作用获得。

滨线、临滨以及陆架砂岩受到波浪、潮汐以及风暴作用的影响,导致会有复杂的古水流模式。潮汐水流占主导作用的地方,可能会得到双极水流模式,但通常其中一个潮汐流方向上的作用会更强,导致模式是非对称的。潮汐水流的变化从平行于海岸线—斜交—垂直。风暴浪和水流产生的交错层通常指向远滨,但是可能存在很大的离散性。然后,尽可能测量较大的构造(诸如交错层、底面构造）而不是代表着小部分改造作用的波纹。

在盆地序列中，虽然浊积序列的古水流通常与区域性盆地方向的定向古斜坡有关，但是如果已经达到了盆地中心，那么可能是深海流沿着盆地轴线流入的。明确盆地方向以及更大尺度的盆地序列的构造背景对于解释古水流模式是很有用的。槽模和沟模是用来测量的最佳构造，因为浊流的速度一旦减慢就会变成曲流以至于岩层里面和表面上的构造（交错纹理和波纹）可能不能代表主水流方向。滑动褶皱有利于判断古斜坡方向。某些深水流平行于斜坡的等深线流动，如在等深流沉积中。

沙漠砂岩可以从测得的大型交错层理中表现出简单或非常复杂的古风向模式。这取决于砂沉积的本质——大型沙脊（纵向沙丘韵律，图7.5）或沙海（沙质沙漠）——取决于风力和局部地形。某些沙漠砂岩由于季风的影响拥有单一指向性的交错层。古风向与区域性古斜坡无关，并且古地理的解释需要细心。

图 7.5 沙漠纵向沙丘韵律沉积的横断面

它的延伸率大于10并且这些砂体的延伸超过了10km，每个都有1~3km宽；被覆盖的黑色岩层是一个沉积于亚海平面沙漠盆地被冲刷时的富有机质的泥灰岩，覆盖在浅水碳酸盐岩之上；上二叠统，英格兰东北部

第 8 章

相的鉴别和层序分析

8.1 引言

沉积序列野外资料全部收集后,有待解释这些信息。沉积岩的许多研究主要围绕阐述沉积条件、环境以及过程进行。野外资料对阐明这些问题特别重要。其他研究则偏重于岩石的其他特殊方面,如经济矿产资源存在的可能性、具体构造的成因或成岩演变等。继野外工作后,在很多情况下,岩石的实验测试是必要的,此项工作不限于推论和确认沉积物组成和矿物成分。

8.2 相分析

如果研究目的是判定沉积过程和环境,那么,应当利用手里的全部野外资料鉴别岩石序列中存在的相。相由一套沉积物属性来鉴别:如特征的岩性、结构、沉积构造系列、所含化石、颜色、几何形态、古水流模式等。相是沉积环境一种或几种作用产生的,但其外观理所当然会受沉积后成岩作用的明显影响。沉积序列内部可能有许多不同的相存在,但通常数量不会太多。某些相可能会在同一个序列中重复出现几次或多次。相可能因一个或几个特征发生变化而在垂向或侧向上变为另一种相。某些情况下可分出亚相,亚相沉积物在许多方面彼此相似,但又有某些差异。

最好用纯描述性用语,用几个恰当的形容词来对相客观地进行分类;例如可叫交错层理粗砂岩相或块状砾石泥岩相或货币石泥粒—颗粒灰岩相。相可以用编号或字母表示(相A、相B等),或用能指示相像什么的速记来表示,即一种岩相符号。在某些情况下,相往往以沉积环境表示,如辫状河相或潟湖相,或以其沉积机理表示,比如浊积砂岩相或风暴岩相或微生物相。在野外早期研究阶段,相应只按描述意义述及,按过程和/或环境来解释可晚些进行。

详细研究和记录岩石序列后,要仔细观察记有一切沉积特征的图表，并且寻找特征相似的层或单元。首先要找出沉积构造，因为它能最好地反映沉积作用；然后是结构、岩性和所含化石。有可能发现若干具有相似特征的不同沉积类型，它们属于相同的相，给它们取名或编号以供参考。

各种相一旦分开，需制作一张记录这些不同特征的表（名称、符号、典型厚度或厚度范围、粒径、沉积构造、化石、颜色等）。可以参照已发表的现代沉积和古代沉积相说明加以解释相。许多教科书写有现代沉积环境、沉积物和古代类比物等方面的评述，可参阅书后所列的进一步阅读材料。

某些相按沉积环境和沉积条件容易解释，有些则不显示环境特征，必须参考相邻相的关系进行解释。例如，窗格球粒状灰质泥岩几乎肯定发育在潮坪环境中，而交错层粗砂岩可以发育在河流相、湖泊相、三角洲相、浅海相甚至是深海相等各种环境中，且由各种不同作用形成。许多沉积作用产生特定的相，但这些作用能在几种环境中进行；如密度流沉积产生的粒序层出现在湖泊、海盆、浅水或深水中。

分析垂向相序往往有助于相的解释。整合的垂向相序（没有大间断）中的相是原始侧向毗邻的环境的产物。自1894年Johannes Walther阐述了他的沉积相律以来，这个概念一直受到重视。垂向相序是一个环境向另一个环境侧向迁移（如三角洲或潮坪的前积作用、河流的曲流作用）产生的。岩石序列的缺失处，可见相与相之间的突变或侵蚀接触，这时的相序不一定能反映侧向相邻环境，很可能是相隔很远的环境的产物。缺失部分代表的是沉积物被侵蚀的其他环境。地层缺失处，沉积条件可能发生重大变化，比如相对海平面的升降。

在沉积序列里，往往见到相成组地出现在一起，形成相组合。

构成一个组合的相，通常沉积在一个广阔的环境里，其中可能有几种不同的沉积作用在进行，或亚环境相异，或是沉积条件不够稳定。想象一下三角洲或海底扇，有几种不同的作用在发生，沉积不同的类型（相），但它们都是相关联的，并且形成了一个相组合。

8.3 相、相模式以及沉积环境

对现代沉积环境和沉积物以及古代对比物的研究表明，相模式的建立是代表和总结沉积系统的特征，并用来表示相之间侧向和垂向的关系。这些相模式有助于沉积岩的解释，以及相分布和几何形态的预测。然而，需要记住的是相模式仅是一个环境的简单形式，而且沉积系统是动态的；相模式也许只和特定的海平面状态有关，例如，或是一个特殊的气候带或纬度，甚至或是一个特殊的地质时期。适于大多数环境的广义相模式将在本章后文讲述，对于辫状河、曲流河、三角洲、硅质碎屑滨线、深海模式、碳酸盐岩陆棚以及碳酸盐岩缓坡环境等，详细总结见表 8.1至表8.12，揭示了不同相的特征。

依据相资料，可建立起相模式。根据相解释沉积环境和亚环境，并思考它们二维和三维的排列方式。作出素描图、横截面图和直方图以便揭示相和亚相分布。做完这些后，下一步就是思考沉积的主控因素：海平面变化、气候、构造、沉积物供给以及生物群（化石记录）。接下来就是寻找相序中的旋回和层序。

沉积相的主要标志性特征见表8.1至表8.12。表中内容只是概括的，只打算提供沉积在相同沉积环境中的不同的相的外观特征。它们不可能是完整的，事实上，用一两页或一个简单的表格充分总结各种相特征是不可能的。相解释需要更多的思考和勤奋工作，而不是只凭表。现在，相分析工作已经做得很细，为得到帮助，首先应参阅本书的推荐阅读章节，然后再阅读科学杂志；当然也可在网络中查询。

表 8.1 河流相的一般特征

河流相	特 征
沉积作用	复杂；冲积系统包括曲流河（发育良好的泛滥平原）（图8.1）、辫状河（图8.2）以及冲积扇；河道的侧向迁移是首要特征，在泛滥平原上有泥质河漫滩沉积和砂质决口扇；河道作用在辫状河中占优势，可能以砾或砂为主，在冲积扇上出现槽洪、漫流和碎屑流
岩性	砾岩、砂岩、泥岩都有；常有薄层层内砾岩；许多砂岩为岩屑砂岩或长石砂岩，组分未成熟—成熟
结构	河流沉积砾岩为叠瓦状砾石支撑组构；碎屑流砾岩为基质支撑组构；大部分河流砂岩由棱角状—次圆状颗粒组成，分选差—中等，即结构不成熟—成熟都有；一些河流砂岩和泥岩呈红色
构造	河流砂岩具板状和槽状交错层理、水平层理+剥离线理、低角度交错层理（侧向加积面）、水道和冲刷面；较细的砂岩可见波纹和交错纹理；河流沉积砾岩常为透镜状，具水平层理和大型交错层理；泛滥平原泥岩常呈块状，具细根和钙质结核（钙结层）；它们可能含有在决口扇和洪水中沉积的薄层、稳定突变底面的砂岩
化石	以植物为主（碎屑或原地植物），也可以是鱼骨和鳞片、淡水软体动物、脊椎动物痕迹，或一些居住潜穴
古水流	单向的，但方向离散性取决于河流类型；辫状河砂岩的离散性低于曲流河砂岩
几何形态	砂体可呈窄带状、条带状和扇状
相序和旋回	取决于冲积系统的类型；冲积扇地层普遍向上变粗或变细（与气候/构造运动有关）；曲流河形成向上变细的交错层砂岩，厚达数米，具侧向加积作用面，与泥岩互层，泥岩可能含有钙质结核和决口扇与洪水沉积的薄层稳定砂岩（图8.1）；砂质辫状河发育透镜状和千层饼状的交错层理砂岩，泥岩互层不多（图8.2）。

表 8.2 风成相的一般特征

风成相	特 征
沉积作用	风成砂是典型的沙漠沉积,但是也沿海岸形成
岩性	干净的(无基质)、富含石英的砂岩,无云母,碳酸盐岩沙丘(风成沉积岩)
结构	砂岩颗粒分选好,磨圆度好("小米粒"),或有磨砂外表(暗淡);砂岩通常被赤铁矿染成红色;砾石会有风蚀面
构造	主要发育大型交错层理(高几米到几十米);交错层倾斜角度可达35°;有沉积再作用面和主褶皱界面;颗粒沉降纹层和颗粒流纹层;针条状纹理
化石	稀少,偶见脊椎动物足印和骨骼及植物根茎
砂体几何形态	如果是沙海(砂质沙漠),横向延伸呈席状;如果是纵向臂形沙丘韵律层,则拉伸呈脊状
相组合	可与水成砂岩和砾岩(山洪暴发)伴生,也与干盐湖泥岩和蒸发岩、干旱地区土壤(钙结砾岩)伴生

表 8.3 湖泊相的一般特征

湖泊相	特 征
沉积作用	沉积在不同规模、形态、盐度和水深的湖泊中;浅水区,波浪和风暴流作用重要;深水区,浊流和河水潜流重要;常有生物化学和化学沉淀作用;湖泊沉积作用受气候控制强烈
类型	永久湖、常年湖、季节性湖泊;超咸水和淡水湖泊;层状和非层状湖泊;阶地和断坡边缘湖泊;碳酸盐、蒸发盐和硅质湖泊
岩性	各种各样,包括砾岩、砂岩、泥岩、石灰岩(鲕状、泥晶、生物碎屑、微生物)、泥灰岩、蒸发岩、燧石、油页岩和煤
构造	浪成波纹、泥裂、雨痕和叠层石等在湖岸线沉积物中常见;钙华和石灰华的堆砌沉积;韵律层可具脱水收缩作用,是深水湖泊沉积的典型特征,伴生浊流成因的互层粒序砂岩

续表

湖泊相	特征
化石	陆相无脊椎动物（尤其是双壳类和腹足类）；脊椎动物（足印和骨骼）；植物（特别是藻类）
相序和旋回	反映气候和构造事件引起的水位变化；常见向上变浅的旋回，上部被暴露面或成壤层覆盖
相组合	常与河流和风成沉积物伴生；土壤层可见于湖泊相序内；斑状和大理岩化湖泊相泥岩及石灰岩

表8.4 成土相的一般特征

成土相	特征
沉积作用	成土作用能发生在出露面、废弃面、不整合面、旋回和层序边界上
岩性	石灰岩（钙结砾岩/钙积层）、白云岩（云结层）、砂岩（根土岩、致密硅岩、硅质壳层）、泥岩（耐火黏土、根土岩）、岩溶角砾岩
结构	细粒为主，也有豆状、球粒状、斑点状，大理岩化
构造	块状、纹层状、结核、内碎屑、根结核、板状裂隙、帐篷构造、古岩溶面、壶穴/晶洞
化石	植物化石常见，特别是细根；其他少见：陆相脊椎动物和非脊椎动物
几何形态	一般为席状
相序	成土相普遍发育在旋回的顶部，如曲流河向上变细旋回、三角洲和滨岸向上变粗旋回、碳酸盐岩向上变浅旋回，以及湖相地层，发育沼泽相

表8.5 古冰川相（前第四纪）的一般特征

古冰川相	特征
沉积作用	发生于各种环境，各类冰川之下、冰川湖中、冰川平原上与冰川海陆架和盆地；有各种作用，包括冰川移动和融化、融冰河流、融水密度流、碎屑流和冰山等；表8.6为第四纪冰碛物类型

续表

古冰川相	特　征
大陆冰川环境	底冰、冰河、冰湖——冰前与冰缘湖以及寒冷气候的冰缘相
冰川海洋环境	近缘的/滨岸相、陆架相、深水相
岩性	各类砾岩——复矿泥—中砾砾岩（混积岩和混杂沉积岩，可能是冰碛岩）、砂岩、含分散碎屑（坠石）（图8.3）的泥质沉积物
结构	砾岩（混积岩）分选差、基质支撑，再改造/再沉积砾岩分选好、碎屑支撑；棱角碎屑可具擦痕和刻面，长形碎屑可具优选方向
构造	混积岩/冰碛岩通常呈块状，有些可呈层状；常见韵律纹层（纹泥）的泥质沉积物（可能带有坠石）；河流冰川砂岩具交错层理、交错纹理、水平层理、冲刷构造和水道构造；大陆冰碛物下有冰川擦痕面
化石	除冰海沉积物外，一般不含化石（或派生的）
几何形态	冰碛岩透镜体—侧向延伸。
相序和相组合	通常无重复层序，但冰碛岩、河流冰川沉积物和冰湖沉积物具随机性；然而，冰期（冰碛岩）和冰川消退期（浅海砂岩）的交替时期可能出现旋回；碎屑沉积物和浊流沉积物与冰海相伴生

表 8.6　冰碛物的主要类型及其沉积特征（第四系序列）

类型	碎屑物	碎屑形态	沉积	构造
表碛	软、杂乱	一般棱形并且新鲜	有层状序列的混积物、碎屑沉积的再调整	变形构造常见，断层、滑塌
底碛	冰川流中的硬物	一般圆形或磨蚀的	常常是均质的混积物、尖底、分布广泛	少有构造、节理、剪切
变形层碛	中等	一般圆形	均质混积物	褶皱
消融冰碛	软—硬	一般圆形	均质和层状混积物	少见构造，一些层理，可能变形

续表

类型	碎屑物	碎屑形态	沉积	构造
流动冰碛：重力流影响的上碛	软—硬	各种形状	层状混积物	块状—递变，层理、褶皱

表8.7 三角洲相的一般特征

三角洲相	特　征
沉积作用	复杂；有几种三角洲类型（舌状和叶状，特别是后者）和许多三角洲亚环境（分流河道和天然堤、沼泽和湖泊、河口坝和远沙坝、支流间湾和前三角洲斜坡）；许多古三角洲以河流作用为主，但海洋的再改造和再分配也很重要
岩性	主要是砂岩（组分从未成熟到成熟，主要是碎屑砂岩）；泥质砂岩、砂质泥岩、泥岩，也有煤线和菱铁矿质岩石
结构	无特征结构（结构未成熟—成熟）；砂粒的分选性和磨圆度均属中等
构造	砂岩里常有各种类型的交错层理、水平层理和水道构造；细粒沉积物具脉状层理和波状层理，且是异粒。一些沉积物含有细根（根土岩、致密硅岩）、菱铁矿结核；常见生物扰动和遗迹化石
化石	一些泥岩和砂岩含有海相化石，而另一些则含有陆相化石，特别是双壳类；植物化石常见
古水流	主要是流向外滨，如果海浪和潮汐改造作用强烈，可能有沿海岸水流或向岸水流
几何形态	砂体形态有窄带状，也有席状，取决于三角洲类型
相序和旋回	主要由向上变粗的沉积单元（泥岩—砂岩）组成，由于三角洲前积作用，被煤层底板和煤覆盖（图8.4）；然而也有多种变化，特别是在顶部

表 8.8 浅海硅质碎屑岩相的一般特征

浅海硅质碎屑岩相	特　征
沉积作用	发生在不同环境和亚环境中，包括潮坪、海滩、障壁岛、潟湖、近滨到滨外陆架；波浪、潮汐和风暴流是最重要的作用
岩性	主要是砂岩（组分成熟—过成熟，常为石英岩屑）、砂质泥岩、泥岩，也有薄层砾岩及海绿石砂岩
结构	无特征结构，尽管砂岩普遍为结构成熟—过成熟
构造	砂岩中有交错层理，可能有鱼骨状交错层理、再作用面、水平层理（海滩砂岩有低角度削顶层系）、浪成波纹、流水波纹、交错纹理、脉form层理和透镜状层理；潮汐砂岩中有束状交错层、泥质披覆构造；风暴浪有HCS和SCS、风暴流成因的薄层粒序层理；泥岩可含黄铁矿核结；生物扰动和各种遗迹化石常见——后者反映了原地水动力和深度
化石	海相动物群，其多样性取决于海水盐度、涡流级别、底层条件等
古水流	流向不定，由平行岸线到垂直岸线，样式不定，单向、双向或多向
几何形态	障壁或海滩为线性砂体，广阔陆缘海台地为席状砂体
相序和旋回	变化很大，取决于确切的环境条件和海平面历史（上升或下降）；向上变粗或变细的沉积单元由海岸前积作用形成（图8.5）
相组合	石灰岩、铁质岩和磷酸盐岩都可发育在浅海硅质碎屑相中

表 8.9 深海硅质碎屑岩的一般特征

深海硅质碎屑岩	特　征
沉积作用	发生在海底斜坡、海底扇、冲积裙和多种类型的海盆中，尤其是浊流、泥石流、等深密度流及悬浮沉积
岩性	砂岩（组分有不成熟，也有成熟的，常由杂砂岩组成）、泥岩（深海沉积物），也有砾岩（含砾泥岩）
结构	无特征结构；砂岩常富基质，砾岩主要为基质支撑，属泥石流成因

续表

深海硅质碎屑岩	特　征
构造	浊流成因砂岩中，递变层理（与半深海泥岩互层）具鲍玛序列（图8.6至图8.8），底痕常见，厚度为5~100cm，有些砂岩呈块状；等深流沉积，泥岩、砂质粉砂岩，上下渐变接触，下部为反粒序，上部为正粒序，具生物扰动，一些交错纹层厚10~30cm；远洋泥岩具细纹层或者生物扰动现象；水道构造可能是大型的，也有滑动、滑塌和脱水构造
化石	泥岩主要含远洋化石，砂岩互层可能含浅水化石
古水流	浊积砂岩中，方向多变，可沿斜坡或盆地轴线方向，最好测量底痕
相序和旋回	浊积岩序列砂岩可向上变粗、变厚或向上变细、变薄（图8.9至图8.11）

表8.10　浅海碳酸盐岩相的一般特征

浅海碳酸盐岩相	特　征
沉积作用	发生在不同沉积环境和亚环境，潮坪、海滩、障壁岛、潟湖、近滨至远滨陆架和台地、陆缘海、海底浅滩和礁（陆架边缘，特别是点礁）；生物和生物化学作用对沉积物形成和沉积起主要作用，同时波浪、潮汐和风暴流等物理作用同样重要；碳酸盐岩陆棚具有生物礁和砂体占主导的陡峭陆架边缘（图8.12），不同于海滨砂和外滨泥（具有风暴层）占主导的碳酸盐岩低角度斜坡（图8.13）
岩性	各类石灰岩（图8.14），尤其是鲕粒灰岩、生物骨架颗粒灰岩、生物骨架泥灰岩、泥岩和粘结灰岩以及白云岩；石灰岩可能发生硅化作用；伴有蒸发岩，特别是硫酸盐岩（或其交代物）
结构	多样的
构造	极其多样性，包括交错层理、波纹、泥裂、叠层石、藻纹层、窗孔、缝合线等；礁灰岩有块状和很多在生长位置形成的无层生物构造

续表

浅海碳酸盐岩相	特 征
化石	种类多、数量大的正常海相化石,也有种类有限、数量少的高盐度相或低盐度相化石
古水流	变换大,平行或垂直岸线
相序和旋回	多种类型,但米级向上变浅沉积旋回常见

表 8.11　深水碳酸盐岩相和其他远洋相的一般特征

深水碳酸盐岩相	特 征
沉积作用	发生在深水陆缘海、外陆架和台地、海底斜坡、各类海盆及其内部滩、脊部分的悬浮物沉积作用和再沉积作用
岩性	远洋石灰岩,一般细粒,主要含深海动物化石群;浊积石灰岩具有细—粗粒结构,主要由浅海化石或鲕粒组成;伴生燧石、磷灰岩、铁锰结核、半深海泥岩等
构造	深海石灰岩呈结核状,硬底常与席状岩脉和水成岩脉伴生;浊积石灰岩有如图 8.6 所示的粒序层理或其他构造(底面和层内构造),但欠发育;层状燧石可为粒序的和纹层状的;深沉积物可能有滑塌褶曲和角砾构造
化石	深海化石为主;在浊积石灰岩中可见浅海化石
相序和旋回	无典型相序;远洋沉积可上覆及下伏浊积岩序列,或跟着碳酸盐岩台地沉积;也可与火山碎屑和枕状熔岩共生;共同点是具有小规模韵律,富泥或贫泥灰岩,发育石灰岩—泥岩等

表 8.12　火山碎屑岩相的一般特征

火山碎屑岩相	特 征
沉积作用	发生陆表和海底(深水或浅水)沉积环境,含有火山碎屑坠积物、火山碎屑流(如熔结凝灰岩和火山泥流),火山碎屑可被浪、潮汐、风暴以及浊流再改造和再沉积

续表

火山碎屑岩相	特　征
岩性	凝灰岩、火山角砾岩、集块岩以及角砾岩
结构	多样的，包括熔灰岩中的压实作用，及泥流沉积的基质支撑
构造	包括递变尘降凝灰岩、再改造和再沉积的凝灰岩（外力碎屑）中的水流或波浪构造、火山碎屑流凝灰岩中的平面或交错层理（包括逆行沙丘）
化石	化石罕见
相序	发育较好的喷发单元，具尘降凝灰岩，火山碎屑流沉积物被尘降凝灰岩覆盖
相组合	海底火山碎屑相，常伴生枕状熔岩、燧石以及其他一些远洋沉积物

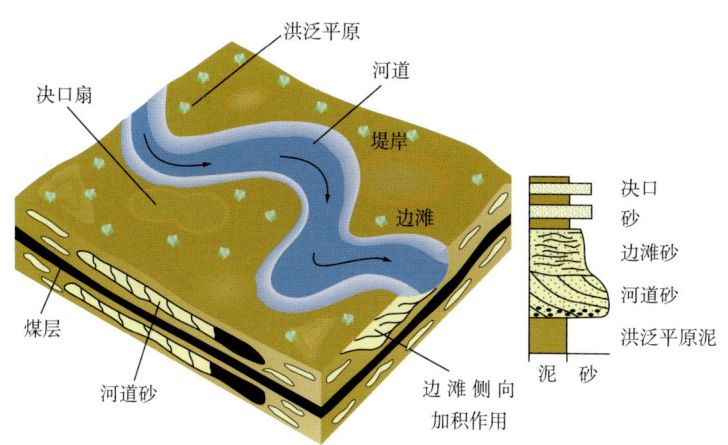

图 8.1　曲流河环境相模式
由河流侧向迁移形成的泥岩覆盖在向上变细的砂岩序列之上的典型层序，
这些序列的厚度变化从几米到几十米，侧向加积面出现在砂岩段

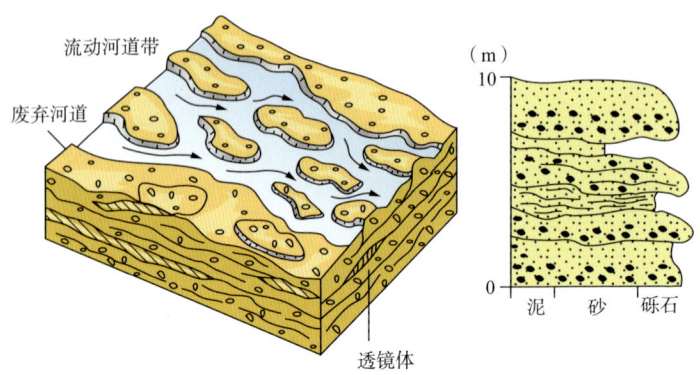

图 8.2 辫状河环境相模式以及由透镜状分选砾石和粗砂岩组成的典型序列

图 8.3 层理发育良好的泥岩中的大型冰川坠石
冰海相，二叠系，澳大利亚西部

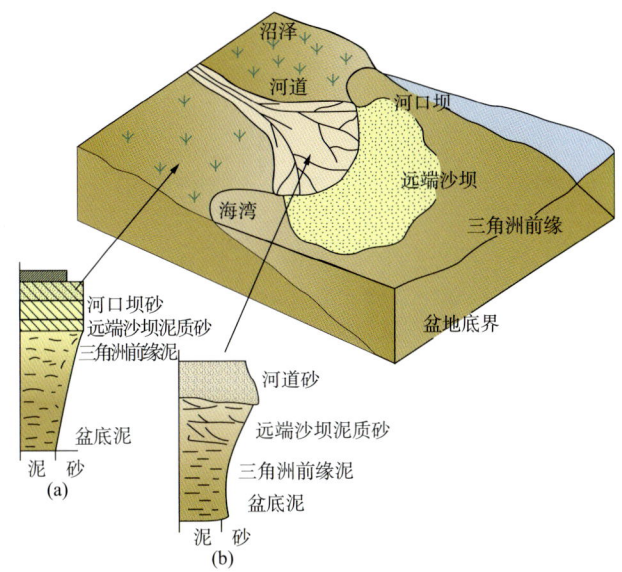

图 8.4 海洋三角洲沉积环境的相模式和两种典型序列

（a）在海平面静止期造成的三角洲前积向上变粗序列并且被煤覆盖；（b）被分流河道砂岩切割的向上变粗序列；厚度范围10~30m或更大；若顶部支流间湾发育，序列有更多变化

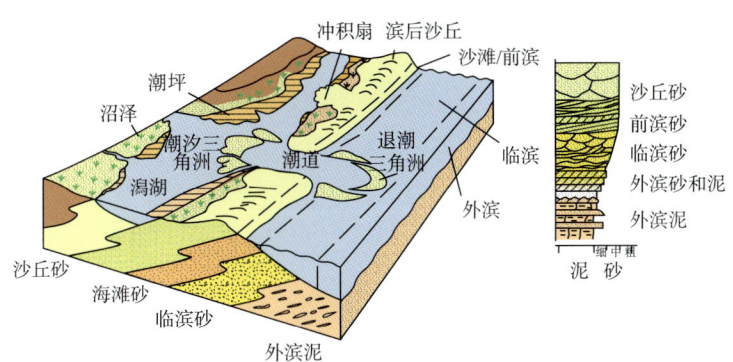

图 8.5 海滨沉积环境的相模式和典型的在海平面静止期由海滩/障壁的前积作用形成的向上变粗序列

典型厚度为10m或更大

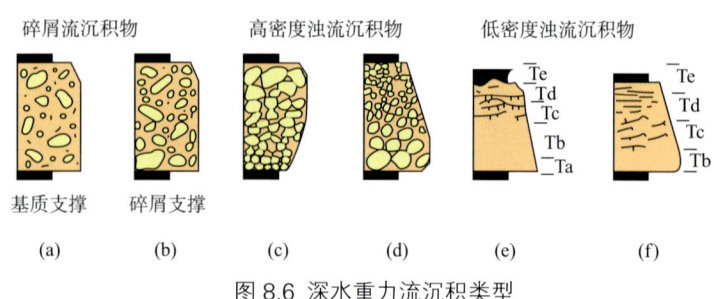

图 8.6 深水重力流沉积类型

包括碎屑流和浊流沉积；层厚几厘米到1m或更厚；
Ta，Tb，Tc，Td和Te是经典的浊积岩鲍玛序列

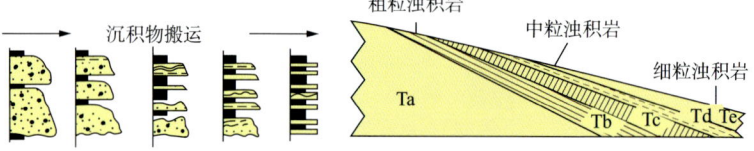

图 8.7 浊积岩中顺流变化

图 8.8 浊积岩

具ABC三层：下部粗粒块状层（A），中部细粒平行纹层（B），
上部交错纹层和顶部包卷纹层（C），该浊积岩为生物碎屑灰岩，厚25cm，泥盆系，
英格兰西南部

图 8.9 浊积岩（成层性好，层薄）以及厚层漂砾碎屑岩
厚 3m，寒武系，加拿大纽芬兰

图 8.10 碳酸盐浊积岩
向上厚度减薄，剖面高30cm，上二叠统，英格兰东北部

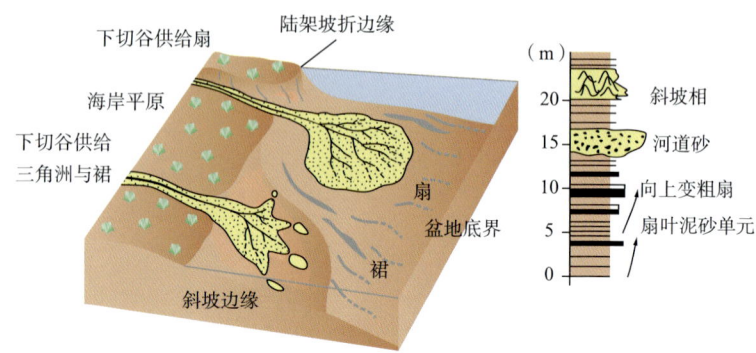

图 8.11 深海浊积扇与裙环境相模式
各自发育在陆架坡折处和斜坡边缘,且具典型的向上变粗序列;
这种沉积环境发育于海平面下降期和低位期

具大陆边缘的碳酸盐岩台地			斜坡	盆地
陆相	封闭环境	最高波浪面	晴天浪基面之下	
潮上带碳酸盐沉积	潟湖或潮坪碳酸盐沉积	生物礁和碳酸盐砂体沉积	滑塌作用碳酸盐沉积	页岩或深海石灰岩
泥岩	泥晶灰岩—泥岩	粘结灰岩或颗粒灰岩	颗粒灰岩、砾屑灰岩、漂砾岩、泥晶灰岩	泥岩

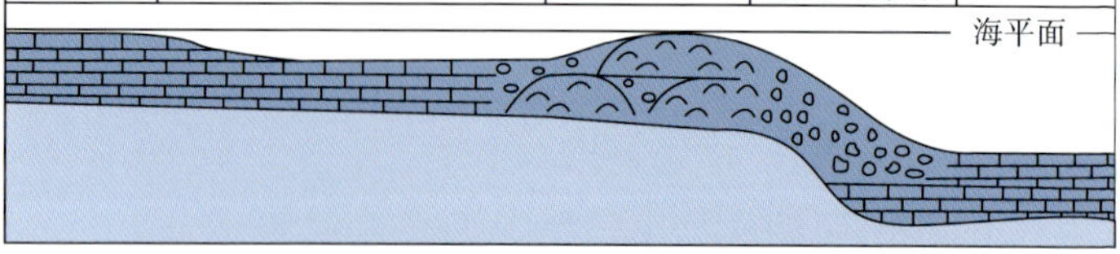

图 8.12 碳酸盐岩陆棚环境相模型

碳酸盐岩缓坡		
内缓坡	中缓坡	外缓坡
陆上或封闭环境	浪控	晴天浪基面之下	风暴浪基面之下
潟湖—潮坪—潮上带碳酸盐沉积、蒸发盐沉积、古土壤、古岩溶地貌	滩坝/滨岸/浅滩砂、点礁	薄层石灰岩、风暴沉积，可包含泥砾	页岩、深海石灰岩
泥晶灰岩、泥岩	颗粒灰岩	颗粒灰岩、砾屑灰岩、漂砾岩、泥晶灰岩	泥岩

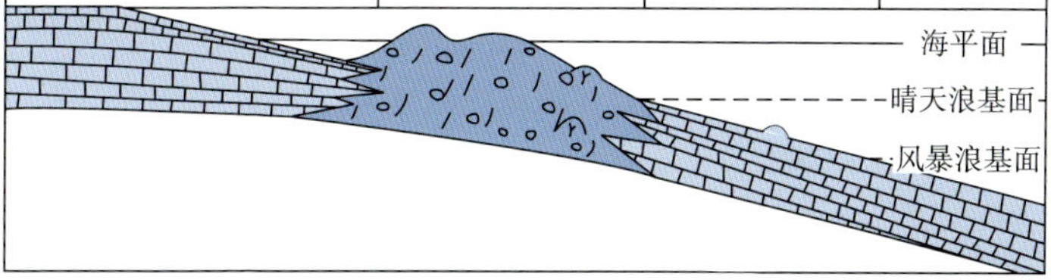

图 8.13 碳酸盐岩缓坡环境相模型

图 8.14 米级大小的浅水石灰岩体构成的巨型角砾岩

角砾岩嵌入在盆地泥岩中，巨型角砾岩由台地—台缘坍塌造成，白垩系，法国Aravis

8.4 旋回地层学和层序地层学

正如本书其他地方提到的一样，沉积岩通常被分成不同单元，可几次或多次重复出现在序列中。薄层重复单元，在1~10m的尺度上，通常认为是沉积旋回，或是层序地层学中的准层序。它们沉积的时间跨度为几万年到几十万年。准层序是层序的基础，而一个层序通常厚达数十米到数百米，沉积的时间跨度为0.5~3Ma。表8.13给出了何时记录旋回沉积的要点。

表 8.13　米级旋回沉积物及准层序的描述特点

项目	特　点
旋回/准层序边界	在旋回顶部须找暴露证据（如古岩溶、洞穴、古土壤、细根、煤、窗孔构造、潮上带蒸发岩、晶洞、塌陷角砾岩）
	若无暴露，须找沉积间断的证据（如强烈的生物扰动、硬底与包壳化石和钻孔）
	寻找旋回基底的洪泛面证据（如页岩、磷灰岩、海绿石、滞留沉积、再沉积的砾石和化石）
旋回/准层序的内部构造	寻找岩相向上的变化，如石灰岩向上转化为白云岩或石膏，灰质泥岩向上转变为粒状灰岩（反之亦然），泥岩向上转化为砂岩
旋回/准层序的内部构造	寻找粒径向上的变化（向上变粗或变细）
	寻找岩层厚度向上的变化（向上变厚或变薄）
旋回/准层序的叠加样式	看连续旋回的厚度：每个旋回向上是否变厚或变薄
	看旋回顶部的暴露程度：旋回向上增加还是减少
	看准层序叠加的相：是否有长期的变浅或变深的趋势；如旋回叠加处向上更趋近于潮间带还是潮下带
	层系组内寻找重复旋回组合；如它们是否能组成几组/多组3~8个旋回的组别
	作出Fischer图来表示旋回厚度的变化并对比层序平均旋回厚度，检验图表有效性（如z值）

8.4.1　沉积旋回主题

米级旋回组分和相很大程度上的变化取决于沉积环境。大多数的浅水、滨线、陆架和地台旋回表现出向上变浅的趋势，记录在岩性、组分、粒度、化石和微相的变化中。

某些旋回是岩性的变化，比如在深水盆地相和浅水序列中的泥岩—石灰岩（图8.15）、碳酸盐岩台地内部序列的石灰岩—膏岩或石灰岩—白云岩、浅海泥岩—砂岩和深海硅质碎屑序列（图8.16和图

8.17）以及曲流河地层中的砂岩—泥岩（见图5.3）。混积碎屑岩—碳酸盐岩旋回也会出现（图8.18）。

图 8.15 泥岩—砂质灰岩的米级旋回
向左变新，白垩系，阿根廷

图 8.16 泥岩构成的旋回
上覆砂岩，最下层砂岩的顶部具因海洋陆架上大型沙浪的迁移形成的大型平面交错层理（向右）；第一套砂岩的顶部有生物扰动并且突然被覆盖了一层黑色页岩（一个冲刷面），接着向上变粗至下一套砂岩，这是小型三角洲进积的结果；被黑色页岩覆盖的第二套砂岩上的突变面也是一个冲刷面，并且从泥岩变至第三套砂岩，因它是三角洲分流水道砂岩，而具一个突变的底面

图 8.17 深水砂岩组合（组分是杂砂岩）

浊积岩层被分成向上变粗的厚2~5m的旋回单元，每个单元由5~10个单层组成，每个旋回单元被0.5~1m的泥岩隔开；在一些浊积岩组合中表现出岩层厚度向上增加的情况；岩层向右变新；三角形表示粒度趋势，倒三角形=向上变粗；白垩系，加利福尼亚

图 8.18 混积碎屑岩—碳酸盐岩旋回

层理清楚的海侵陆架碳酸盐岩，上覆海相沉积物，然后是前三角洲泥岩，逐渐过渡到三角洲砂岩，但是这个向上变粗的碎屑岩组被一个具有侧向加积的主河道切割（从左到右）并且向上变细；崖高35m，中石炭统，英格兰东北部

其他米级旋回表现出了随着旋回系统地向上变化，比如粒度向上变粗，就如三角洲的砂岩旋回（图8.4和图8.16）以及海底扇内泥岩—砂岩旋回一样（图8.11和图8.17）或较深水灰质泥岩—较浅水粒状灰岩的碳酸盐岩缓坡旋回；反之亦然，向上变细的粒度，如曲流河中的砂岩—泥岩旋回（图8.1），或者高能浅水粒状灰岩—碳酸盐岩台地内部潮坪相窗孔灰质泥岩（图8.19）。

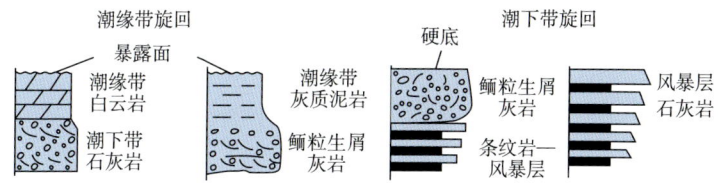

图 8.19 向上变浅的碳酸盐岩单元（旋回/准层序）系列图
厚度一般是0.75~2m，但可达10m

旋回内岩层厚度也可能系统地向上发生变化（向上变薄或变厚，图8.17）。

在野外，通过对相的仔细观察，序列内旋回常易被认出。在某些情况下旋回会产生地形学上的阶跃变化和倾斜变化（图8.20），这是某些地层易溶的结果。某些情况下，旋回性只有在详细的柱状图或一些统计试验被应用后才能体现出来。在某些情况下，不得不说，旋回性比实际情况更明显。

图 8.20 米级碳酸盐岩台地内部旋回
留意阶跃山坡剖面，崖高300m，侏罗系，鲁卜哈利沙漠，也门

8.4.2 旋回边界

认真辨别旋回间的边界；可能出现截然不同的层面。许多情况下，旋回的顶部是一个暴露面；如古土壤层（钙结层、根土岩或细根层）、古岩溶面、干裂生物纹层或窗孔状灰质泥岩。它可能是一

个突变的侵蚀面。某些旋回的顶部没有暴露在地表，但展示其变浅的证据，而且沉积间断可能被强烈生物扰动或硬底包壳和生物钻孔记录下来。图5.5展示了不同的常为旋回边界的岩层。

旋回底部通常为冲刷面。因此可见一层由下伏旋回顶部的改造作用形成的薄砾岩（基底滞留），并具剥蚀证据（突变面、冲刷面）（图8.21）。旋回的底部也可能是薄的泥质层，反映新旋回开启海侵的深水条件。通过冲刷面可见下切相。

图 8.21 图 8.20 中的旋回顶部

含有多碎石、多砾石的角砾岩层，并带变暗砾石，为暴露结果，被具有突变基底的浅潮下带、潟湖石灰岩继承，并具有来自底部改造过的砾石；侏罗系，也门

8.4.3 旋回叠加样式和旋回地层学

如果一个序列是旋回的，那么此序列旋回性质可能发生系统变化。记录旋回的变化有重要意义，因为它们能反映对沉积的长期控制、可容空间的主要变化和与其相关的影响因素。许多情况下，序列内旋回厚度会发生系统性变化，厚度向上逐渐增加或减少（图8.22和图8.23）。在某些情况下，旋回被分成3~8个旋回的组合，形成一个旋回组（或者准层序组），伴随每个连续的旋回厚度向上增加或减少（图8.23和图8.24）。实际上，层序里可具有一个完整的旋回体系——旋回、旋回组、中旋回组、巨旋回组。

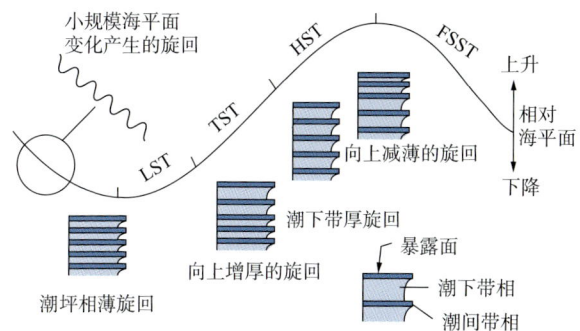

图 8.22 层序内的准层序叠加样式
每个单独米级旋回由高频相对海平面旋回产生，并且更长时期的厚度样式反映了可容空间低频、长期变化的特征；叠加样式确立了层序的体系域，如：LST，低位体系域；TST，海侵体系域；HST，高位体系域；FSST，下降期体系域

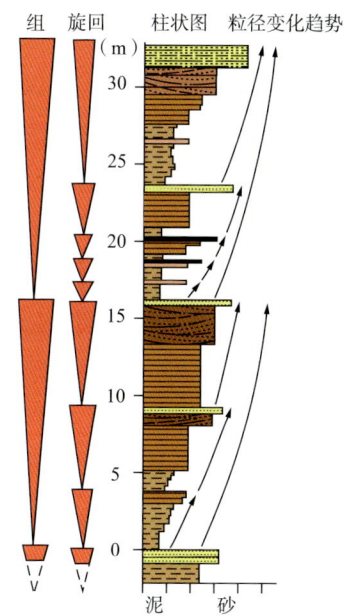

图 8.23 米级旋回的一个例子以及它们的叠加样式
一个层序由向上变粗的多个单元（细箭头表示旋回）组成，并且以粒径和厚度的增加为基础组合（组）

图 8.24 米级准层序包束成准层序组
箭头和被雪线突出的地方所示；三叠系，布伦塔白云岩，意大利

在一个层序内，测量旋回的厚度并且寻找其样式（即向上减薄或增厚）。Fischer图解是一种有效的方法用以表述这些数据，特别是对于朝海平面方向变浅的潮缘带碳酸盐岩旋回。在Fischer图解里，把每个连续旋回厚度标在图中与平均旋回厚度对比（图8.25）。这种模式的解释可反映可容空间和相对海平面长期随时间的变化。若无更详细的研究，不能假设每个旋回代表的时间相同。统计试验、z值的计算、运行分析和自动校正，可被运用于旋回的厚度数据分析，从而确定厚度模式以及它们是否随机，并且能帮助推断旋回性的起因。

层序内，旋回自身的内部构造及旋回边界的特征也可能发生系统变化。在连续旋回的相中寻找变化（例如向上增加/减少的潮下或潮间带相的比例；以石灰岩为主的层序进入砂岩层）。旋回顶部的地表暴露程度，也可能沿层序向上加强或减弱。如果旋回发育在大范围内，且若它们是相关联的，那么寻找单独旋回相的侧向变化，或如果涉及不同的地方，则将旋回组合作为一个整体。

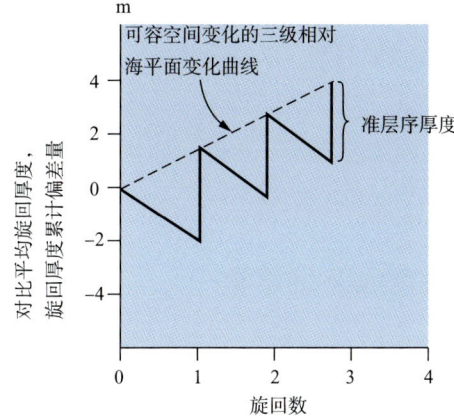

图 8.25 Fischer 图解

利用层序的总厚度计算旋回的平均厚度;画出平均旋回厚度(本例是2m)作为斜线,然后每个连续旋回作为垂线;横坐标为随时间的旋回数,纵坐标表示在平均旋回厚度上层序内旋回厚度的偏离;不要假设每个旋回沉积了同样长的时间;对于浅于海平面的旋回,旋回厚度随时间的变化趋势反映了相对海平面与可容空间的长期变化

对米级旋回(旋回地层学)的详细研究,有助于了解层序的关联性。在某些情况下,一个具体的旋回会表现出一些特别的特征,例如化石带或具特殊颜色的发育良好的暴露面,这使露头之间具有相关性成为可能。一旦开始了解地层及其特征,就可在其他露头中寻找这些特征;层理面、相、贝壳层等的侧向延伸范围令人惊奇。更一般的方法,旋回层序内相/厚度/粒度等的向上变化,也能用来做相关性的研究。

米级旋回(准层序)的成因是非常有效、有用的信息,并能通过仔细观察得到。自旋回机理(正如潮坪前积和曲流河侧向迁移的沉积作用)产生旋回沉积物(类似他生旋回机理),如大地构造作用(如张性断层的急速沉降和平面应力变化),以及由轨道驱动和太阳辐射量变化与冰川海面升降等引起的海平面变化。

沉积旋回的特征在地质历史时期肯定会发生变化，反映了构造活动和构造停止的主要时期，以及全球气候的长期变化，换言之，就是冰期（晚前寒武纪/寒武纪、石炭—二叠纪和新近纪—第四纪）和温室期（中古生代和三叠纪、古近纪）。广阔海平面快速变化的幅度（几万年）早期比后期要大得多。

8.4.4 旋回叠加和层序地层学

就层序地层学而言，米级旋回层序内，作为层序一部分的旋回（准层序）叠加样式决定了它们属于哪种体系域。例如，向上增厚、被弱（或无）暴露面覆盖的潮下带主控的准层序，反映随时间可容空间的增加，代表海侵—高位体系域。反之，向下减薄、被发育良好的出露面覆盖的潮间/潮上带主控的准层序，反映随时间可容空间减少，代表晚期高位体系域、下降期体系域和低位体系域（图8.22）。

在许多米级旋回控制的层序里，可能无明显的不整合面/旋回顶界面能作为层序边界，但是有一个旋回趋于变薄，且有更多潮间带/陆表相出现以及更多暴露证据的层序界面域（SBZ）。同样地，可能没有明显的最大海泛面（mfs），但是旋回序列内部一定有一个旋回变厚、几乎无暴露痕迹的以潮下带为主的区域（最大海泛域，MFZ）。

描述准层序和旋回沉积物时，需要找寻的主要特征见表8.13。

8.4.5 野外层序地层学

近年来，尽管文献中有多种模型和术语，主流的做法是将序列划分成层序。然而，为了解释层序地层学，需要将沉积盆地作为一个整体，并研究盆地内生物地层学和沉积学的信息。就层序地层学而言，单个地区的观察常被考虑，但在完成该区域其他地方调查以及完全了解该盆地地层和演化史之后，所有构想须印证，并且可能需要修改。

层序地层学以关键面为基础划分序列为体系域（见图2.6）。不同体系域的沉积物通常表现出特殊的相序，如海进体系域（TST）中向上变深序列、高位体系域（HST）中向上变浅序列；或如果序列由小型旋回（准层序）组成，那么体系域则由叠加样式、准层序相以及海退趋势和海侵趋势的识别来定义。近年来，随着术语和一系列有效模式的增加，层序地层学快速完善。然而，对于野外（地震、测井和岩心）可识别和客观描述的基本特征，需要不带任何偏见，应用适用的层序地层学模式；体系域边界面则相应地成为标志和被自身定义的层序。因此工作流程（表8.14）首先是为了记录序列的独立模式特征，其次是为了应用最合适的模式。

表8.14 层序地层学工作流程模式（据Catuneanu等，2010）

独立工作流程模式	进行基础的沉积学—地层学观察，包括相、接触关系、超覆、叠加样式、几何形态以及所有本书描述的；回顾层序的生物地层数据
	关键面（不整合面、暴露面、冲刷面）的描述以及成因单元（强制海退、正常海退、海侵）
选择依靠模式	选择最合适的面作为层序边界
	选择最合适的层序地层模式
	命名关键面与体系域

为分析层序地层，需要识别地层相模式的三种基础类型，层序地层由特定的地层叠加样式定义，并被它们的界面分离：

（1）正常海退单元——由沉积物供给造成的加积作用，进而产生前积作用、退覆层，向上变浅；典型的高位体系域与低位体系域。

（2）强制海退单元——由基准面下降造成的进积作用，形成向下逐阶的进积退覆体；典型晚期高位体系域到下降期体系域，再到早期低位体系域。

（3）海侵单元——退积作用，后退的地层由基底升高造成；超覆，向上变深序列，典型的海侵体系域。

检查相模式和寻找大型垂向与侧向变化以及相关性对划分体系域是必要的。图8.26展示了大型浅水碳酸盐岩序列，其碳酸盐岩序列厚度向上增加，到顶部厚度非常大（约100m）。整个序列是一个高位体系域，主要形成于进积。

图 8.26 大型向上变浅层序

沉积层序的高位期，开始为泥质白云岩地层，渐渐出现厚层石灰岩序列，顶部是100m厚的块状石灰岩；白垩系，伊奥尼亚海岸，希腊

关键界面有独特的沉积学特征，这些特征可以在野外观察到，且是体系域的界面。需要再次留意，谨记有必要在更大的范围上考虑一个序列而不只是一个露头，还要考虑区域性沉积学、生物地层学以及沉积单元间的关系（上超、下超等），以便确认解释是否可行。

层序地层学内，关键界面是地表不整合面或与其相关联的整合面（为层序界面的经典模式，见图2.6）、海侵面（ts）（以TST为基础）以及最大海泛面（mfs）（区别TST和HST/RST）（海侵体系域）。凝缩段（CS）和mfs的更远端（向盆的）等效面同样重要，后者包括一些上升TST和下降HST。

8.4.5.1 陆上不整合及与之相对应的整合

陆表部分是一个特殊的界面，常为侵蚀和长期暴露面（如古岩溶或古土壤）的重要证据。存在一个生物地层间隙，下伏地层可能被不整合面削截，而且，经过此边界会有明显的相突变。很多情况下，相变发生在海相（高位体系域）之上到陆相（下降期体系域/低位体系域）之下，或在盆地内更多的位置产生相关联的整合面，从高位体系域（下部）深水细粒相到下降期\低位体系域（上部）的浅水粗粒相，都指示因可容空间的不足产生不整合，使得向盆地方向岩相发生改变。在近陆区，海侵体系域深水相常覆盖于不整合面之上，下降期体系域/低位体系域则无沉积。盆地方向，不整合面切穿整合面表明无侵蚀或微弱侵蚀。地表不整合及其相对应的整合具有区域性，分布于全盆地范围内，在其他盆地可能与不整合相关。

下切谷充填物（IVF）常与地表不整合相关。一般为线状的大型下切谷形成于可容空间减少期（强制海退\下降期），并且充填于低位体系域和海侵体系域之后。下切谷充填物底面不平整，下切深度几米到几十米；河流粗粒沉积物充填底部，向上充填细粒河口砂岩和海相砂岩。河间地大型土层侧向上等效于下切谷充填物。具体实例参考图8.27。

另外一种在碳酸盐岩地层识别出的不整合是沉没不整合，为深水相覆盖在浅水石灰岩之上的特征突出的层位。碳酸盐岩台地表面在淹没之前可能首先露出水面，由此形成古岩溶，淹没的表面可以被矿化或被磷酸盐包壳。

图 8.27 主河道砂岩充填（下切谷）
削切成一个向上变粗的泥岩—砂岩的三角洲序列，发育在一套海相碳酸盐岩之上；倒三角表示向上变粗序列；虚线表示河道基底；中石炭统，英格兰东北部

8.4.5.2 海侵面（ts）

海侵面（又称最大海退面或海侵冲刷面）显示一个主要的相变从浅水相或地表相之下到深水相之上，反映了水深增加和相对海平面的上升/正可容空间。海侵面是穿过大陆架的首个重要的海泛面，在其之上可能出现滞后沉积（粗砾石、骨屑层、化石聚集），海侵时期发生侵蚀作用，形成突变界面。可见新的化石种类，海侵面之上沉积物整体向上变深。

8.4.5.3 最大海泛面（mfs）

最大海泛面是层序中海侵达到最大限度时所对应的界面。它一般是层序最重要的洪泛面。最大海泛面可能不是一个真正的层面，位于数米厚的富有机质泥岩中，其上为高位体系域，其下为海侵体系域的浅水相。最大海泛面处可能存在强烈生物扰动作用，反映低沉积速率，可能出现海绿石与磷酸盐矿物。

在盆地的更远端位置，海侵体系域的上部、最大海泛面以及高位体系域的下部，可形成凝缩层。凝缩层为一个饥饿沉积，具有强烈生物扰动层、海底胶结物硬底或富有机质泥岩；沉积物可能被绿泥石、磷灰石、磁绿泥石、鲕绿泥石或者黄铁矿浸染；具与开阔环境相关的独特的颜色与序列。凝缩层可能富含丰富而多样的化石或微化石，并且可能存在沉积间断。

个别体系域的相分配取决于边界面的识别、相自身的特征以及关键界面间垂向和侧向的发育情况。如果序列由米级规模的旋回组成，那么关键界面可能不是单个的层面，它们可能形成于有特征和叠置样式变化的旋回组（准层序）内。

需要重申的是，层序地层学的解释需要区域内大量详尽的野外工作和数据分析，另外，要多加关注生物地层学，及其与层序地层学的关系。

参考文献

Allen, J.R.L. (1982) *Sedimentary Structures*, vols 1 & 2. Elsevier, Amsterdam.

Allen, P.A (1997) *Earth Surface Processes*. Blackwell Science, Oxford, 404 pp.

Allen, P.A. and Allen, J.R. (2005) *Basin Analysis: Principles and Applications*. Blackwell Publishing, Oxford, 549 pp.

Barnes, J.W. and Lisle, R.J. (2003) *Basic Geological Mapping*. John Wiley & Sons Ltd, Chichester, 196 pp.

Bhattacharyya, A. (2000) *Analysis of Sedimentary Successions: A Field Manual*. AA Balkema, Rotterdam.

Blackbourne, G.A. (2000) *Cores and Core Logging for Geologists*. Whittles Publishers, Caithness, 113 pp.

Boggs, S. (2009) *Petrology of Sedimentary Rocks*. Cambridge University Press, 660 pp.

Bover-Arnal, T., Salas, R., Moreno-Bedmar, J.A. and Bitzer, K. (2009). Sequence stratigraphy and architecture of a late Early-Middle Aptian carbonate platform succession from the western Maestrat Basin (Iberian Chain, Spain). *Sedimentary Geology*, 219, 280–301.

Bouma, A.H. (1969) *Methods for the Study of Sedimentary Structures*. Wiley-Interscience, New York, 458 pp.

Branney, M.J. and Kokelaar, B.P. (2002) Pyroclastic density currents and the sedimentation of ignimbrites. *Geological Society, London, Memoir*, 27, 152 pp.

Bromley, R.G. (1996) *Trace Fossils: Biology, Taphonomy and Applications*, 2nd edn. Chapman-Hall, London, 361 pp.

Boggs, S. (2006) *Principles of Sedimentology and Stratigraphy*. Prentice-Hall,

New Jersey, 774 pp.

BSI (British Standards Institute) (1981) *Code of Practice for Site Investigations.* BS 5930, 140 pp.

Burgess, P. (2006) The signal and the noise: forward modelling of allocyclic and autocyclic processes influencing peritidal carbonate stacking patterns. *Journal of Sedimentary Research*, 76, 962–977.

Catuneanu, O. (2006) *Principles of Sequence Stratigraphy*. Elsevier, Amsterdam.

Catuneanu, O., Abreu, V., Bhattacharya, J.P. *et al.* (2009) Towards the standardization of sequence stratigraphy. *Earth-Science Reviews*, 92, 1–33.

Catuneanu, O., Galloway, W.E., Kendall, C.G.St.C. *et al.* (2011) Sequence stratigraphy: methodology and nomenclature. Report for the ISSC. *Newsletter in Stratigraphy*.

Coe, A., Bosence, D., Church, K. *et al.* (2002) *The Sedimentary Record of Sea-level Change*. Cambridge University Press and Open University, 285 pp.

Coe, A.L. (Editor) (2010) *Geological Field Techniques*. Wiley, Chichester, 323 pp.

Collinson, J.D., Mountney, N. and Thompson, D.B. (2006) *Sedimentary Structures*, 3rd edn. Terra Publishing, London, 207 pp.

Demicco, R.V. and Hardie, L.A. (1994) *Sedimentary Structures and Early Diagenetic Features of Shallow Marine Carbonate Deposits,* SEPM Atlas No. 1. Society of Economic Paleontologists and Mineralogists, Tulsa, 265 pp.

Drummond, C.N. and Wilkinson, B.H. (1996) Stratal thickness frequencies and the prevalence of orderedness in stratigraphic sequences. *Journal of Geology*, 104, 1–18.

Einsele, G. (2000) *Sedimentary Basins*. Springer-Verlag, Berlin, 628 pp.

Fl¨ugel, E. (2004) *Microfacies of Carbonate Rocks*. Springer-Verlag, Berlin.

Goldring, R. (1991) *Fossils in the Field*. Longman, Essex, 218 pp. Jones, A.P., Tucker, M.E. and Hart, J.K. (eds) (1999) *The Description and Analysis of*

Quaternary Stratigraphic Field Sections. Technical Guide 7, Quaternary Research Association, 293 pp.

Hasiotis, S.T. and Van Wagoner, J.C. (2002) Continental Trace Fossils. SEPM Short Course Notes 52.

Hedberg, H.D. (ed.) (1976) *International Stratigraphic Guide*. Wiley Interscience, 200 pp.

Jerram, D. and Petford, N. (2011) *Igneous Rocks in the Field*. John Wiley & Sons, Ltd, Chichester, 229 pp.

Leeder, M.R. (1999) *Sedimentology and Sedimentary Basins*. Blackwell Science, Oxford, 592 pp.

Leeder, M.R. and Perez-Arlucea, M. (2006) *Physical Processes in Earth and Environmental Sciences*. Blackwell Publishing, Oxford, 330 pp.

Lehrmann, D.J. and Goldhammer, R.K. (1999) Secular variation in parasequence and facies stacking patterns of platform carbonates: a guide to application of stacking pattern analysis in strata of diverse ages and settings. In: *Advances in Carbonate Sequence Stratigraphy: Applications to Reservoirs, Outcrops, and Models*, Special Publication 63 (eds P.M. Harris, A.H. Saller and J.A. Simo). SEPM, 187–225 pp.

Leyrit, H. and Montenat, C. (eds) (2000) *Volcaniclastic Rocks: from Magmas to Sediments*. Gordon & Breach Science Publishers, Amsterdam.

McClay, K. (1991) *The Mapping of Geological Structures*. John Wiley & Sons Ltd, Chichester, 161 pp.

McPhie, J., Doyle, M. and Allen, R. (1993) *Volcanic Textures. Centre for Ore Deposit and Exploration Studies*, University of Tasmania, 197 pp.

Miall, A.D. (2000a) *The Geology of Stratigraphic Sequences*, 2nd edn. Springer-Verlag, Berlin, 522 pp.

Miall, A.D. (2000b) *Principles of Sedimentary Basin Analysis*. Springer-Verlag, New York, 616 pp.

Miller, W. (ed.) (2007) *Trace Fossils: Concepts, Problems, Prospects*. Elsevier, Amsterdam, 611 pp.

Murray, C.J., Lowe, D.R., Graham, S.A. *et al.* (1996) Statistical analysis of bed thickness patterns in a turbidite section from the Great Valley sequence, Cache Creek, northern Califormia. *Journal of Sedimentary Research*, 66, 900–908.

Nichols, G. (2009) *Sedimentology and Stratigraphy*. Blackwell Science, Oxford, 355 pp.

Noffke, N. (2008) The criteria for the biogenicity of microbially induced sedimentary structures (MISS) in Archean and younger, sandy deposits. *Earth-Science Review*, 96, 173–180.

Pemberton, S.G., Spila, M., Pulham, A.J. *et al.* (2001) *Ichnology and Sedimentology of Shallow to Marginal Marine Systems*, Short Course Notes, vol. 15. Geological Association of Canada, 343 pp.

Perry, C. and Taylor, K. (2007) *Environmental Sedimentology*. Blackwell Publishing, Oxford, 441 pp.

Potter, P.E. and Pettijohn, F.J. (1977) *Palaeocurrents and Basin Analysis*. Springer-Verlag, Berlin, 425 pp.

Potter, P.E., Maynard, J.B. and Pryor, W.A. (2005) *Mud and Mudstones*. Springer-Verlag, New York.

Rawson, P.F., Allen, P.M., Brenchley, P.J. *et al.* (2002) *Stratigraphical Procedure*. Geological Society Professional Handbooks, 57 pp.

Reading, H.G. (ed.) (1996) *Sedimentary Environments: Processes, Facies and Stratigraphy*. Blackwell Science, Oxford, 688 pp.

Retallack, G.J. (1997) *A Colour Guide to Palaeosoils*. John Wiley & Sons Ltd, Chichester, 175 pp.

Saddler, P.M., Osleger, D.A. and Montanez, I.P. (1993) On the labeling, length and objective basis of Fischer plots. *Journal of Sedimentary Petrology*, 63, 360–368.

Stow, D.A.V. (2005) *Sedimentary Rocks in the Field*. Manson Publishing, London, 320 pp.

Tucker, M.E. (ed.) (1988) *Techniques in Sedimentology.* Blackwells, Oxford, 408 pp. See Chapter 2 by John Graham, 5–62 pp, on field techniques.

Tucker, M.E. (2001) *Sedimentary Petrology: an Introduction to the Origin of Sedimentary Rocks*. Blackwell Science, Oxford, 262 pp.

Walker, R.G. and James N.P. (eds) (1992) *Facies Models – Response to Sea-Level Changes*. Geoscience Canada, 407 pp.

Warren, J.K. (1999) *Evaporites: Their Evolution and Economics*. Blackwell Science, Oxford, 438 pp.

Weedon, G. (2003) *Time-Series Analysis and Cyclostratigraphy: Examining Stratigraphic Records of Environmental Cycles*, Cambridge University Press, Cambridge, 259 pp.

Zervas, D., Nichols, G.J., Hall, R. *et al.* (2009) SedLog: a shareware program for drawing graphic logs and log data manipulation. *Computers & Geosciences*, 35, 2151–2159.